U0241613

谨以此书献给我无限眷恋的北京和我的父亲母亲

水牛儿，水牛儿，

先出犄角后出头哎，

你爹，你妈，

给你买来烧羊肉。

你不吃，你不喝，

就让老猫叼去喽……

——引自北京童谣

目录

秋

冬

京

味

儿

北京滋味 （代序）

　　人的一种品性总是与一类吃食息息相关的，而"吃"往往又能体现一个民族的性格乃至文化。所以，要想了解一个地方的人，最简捷的办法是瞧瞧他们吃点儿什么。

　　比方说吧：西方人比较直白、简洁，同样一个面团儿，人家直接用烈火干柴烤成面包，而咱们中国人比较含蓄、内敛，所以用貌似温柔的水蒸成馒头。西方人要么吃的是大块的肉，要么就是一大盘子生菜，即便是吃馅儿饼都要把馅儿摆在明面儿上——叫比萨。而咱们中国人比较含蓄、内敛，就连吃个包子都讲究"有肉不在褶儿上"。韩国人更有意思，即便是简单的泡菜都能做出那么多花样儿来，可见自尊心比较强。

扯了那么远，其实就想说说咱北京的吃。别看"吃"是件每天都离不了的挺"俗"的事儿，却很好地反映了北京人所特有的性情和北京城所特有的厚重文化。因为在北京，"吃"已经不仅仅是充饥，而是一种精神需求，一种生活享受，乃至一种行为艺术。

北京的"吃"是一种活生生的载体，它所承载的是对生活的态度和对人生的感悟。

几百年来，北京一直是中国政治和文化的中心。在这个不大的地方儿走马灯似的云集过各色达官显贵和文化名流。而这两类人又从来都在引领着饮食文化的潮流。

老北京人，由于过了几百年"皇城子民"的特殊日子，养成了有别于其他地方人士的特殊品性。在北京人身上，既可以感受到北方民族的粗犷，又能体会出宫廷文化的细腻；既蕴涵了宅门儿里的闲散，又渗透着官府式的规矩。而这些，无不生动地体现在每天都离不开的"吃"上。

北京人注重体面，讲究礼貌，无论是有钱的没钱的，有地位的还是没地位的，都不能失了身份。天子脚下嘛，皇城根儿长大的主儿，有钱的，那是真讲究；没钱的，也都穷讲究。北京人闲适而安稳，散淡而追求品位，自尊而又有些自傲，用现在话儿说，叫作懂得享受生活。所以即使是卖力气干粗活儿的，也得拿出"爷"的份儿，尽管没钱，也得摆出有闲的谱儿。卖完了一天的力气之后，上茶摊儿上泡壶高末儿——享受。反映在吃上，无论是宫廷御膳还是市井粗食，无论是穷人解馋的还是富人休闲的，都蕴涵着真正的手艺。不仅如此，每道吃食里往往还包含了它的制作者和爱好者们许多的传奇故事，可以称得上是名副其实的"文化"。

北京人在吃上的高明之处还在于，能把不可能的事儿变成可能，还让您觉得很自然，很舒服。北京的"吃"并不追求原料的昂贵，而是追求工艺的精湛。即使一道简单的小吃，往往都凝聚了它的发明者和制作者几辈人的心思。对于那些个宅门儿里成天吃大菜的有钱人家儿来说，即使是饭后调剂的点心也琢磨得相当精细，而街边儿上穷人解馋的粗食也同样做得别有情趣。

北京人不光琢磨怎么做，还研究怎么吃。在北京人眼里，并不是谁都会吃的。吃，讲求个过程；会吃，代表着身份和品位。再精致的美味摆在您面前，您要是不会吃，那就是糟蹋东西。北京人已经把吃的过程发展成为一种与生活融为一体的艺术创造。

然而，世事沧桑，很多地道的北京吃食已经无声无息地消逝了，时至今日，所剩无几。即便是传下来的这些，也大多变了味儿，真正地道的东西不多了。一次，和两位很有文化的博士朋友聊起吃，那两位竟然不知道北京除了烤鸭还有什么特色美食。

作为一个在红墙底下长大的地道的北京人，我每每惆怅感叹，连芝麻烧饼和豆汁儿都不是当初那味儿了。其实，魂牵梦绕的并不只是芝麻烧饼或豆汁儿本身，更多的是那些吃食里所蕴涵的北京滋味，那些滋味里所寄托的北京文化，那种从来不需要想起，一刻也不曾忘记的北京情感。

这本书里所记叙的是那些浸润在美味中，最地道的北京滋味。在我看来，这本书并不是在记录几样吃食的吃法和做法，甚至也不仅是在描述那些已经和正在消逝的规矩、字号、实诚和雅致，而是一种北京人所特有的生活态度乃至为人处世的方式的写照，是地道的北京文化不可分割的一部分。而这种生活的艺术，正在渐渐离我们远去。

进而我想，所谓北京传统文化，不应只是那道朱红的大墙和青砖灰瓦的四合院儿，还应包含生活在其间的人们的生活方式乃至脾气秉性。就像所谓家不仅仅是房子，更是住在这房子里的人一样。那么，保护北京传统文化，当然也就应该保护这体现了北京人特色的活生生的行为艺术。

当然，对北京滋味的那些丰富细腻的感受，是穷尽一生也体验不完的。而本书所记叙的，大概仅仅等于牛的一毛，仅仅是想让读者能够了解，有这么一种生活，这么一种文化，这么一种艺术曾经存在过。

崔岱远

2008 年 6 月

不只是京味儿

叶怡兰

虽说对北京料理并没有太多的体验与深入研究，然崔岱远的这本书，却让我读得格外有滋有味，舌间齿间仿佛生香。

我认为此书最令人心折处，绝不仅仅在于对食物菜肴的味道与做法上的优美描述。而是，在细数这些大菜小点之身世掌故门道的同时，北京人的点滴生活样貌，情致况味，就在字里行间款款流露。

而尤其令人啧啧惊叹的是，皇城子民气度，数百年来积累出的，饮食上无比精致考究的精神。即使最终王朝渐入穷途，不能够再纵情豪赊挥霍了，却仍旧不肯迁就，手边能得的寻常便宜材料甚至剩料，反是更加精细、千雕百琢地调理了，"把极平常的东西做出不寻常的滋味"；然后，细细咀嚼品赏，陶然乐在此中。

我最喜欢作者写麻豆腐的一段：说北京人绝不豪饮，他们管喝酒叫"渗"，"一点一点慢慢品，恨不能让浑身上下每一个细胞都渗进酒去……""一个真正的北京酒鬼，可以守着大酒缸，从中午到黄昏，只就着这么一小碟儿麻豆腐，美美地渗下半斤酒去，直到夕阳西下……才心满意足地微醉着，拖着长长的身影，晃晃悠悠顺着胡同回家"。

北京生活之乐、之美、之独树一格，尽现于此。

　　"咬春"，多么生动的字眼儿，在北京人看来，春天是可以实实在在用牙齿咬到的。在立春这天，传统的北京人必吃上一口春饼炒合菜，在和和美美、顺顺当当中品味着悄然而至的春天。

天地一家春

"春打六九头"。

"六九"的头一天，往往就是开春儿的一天。打这天起，大地复苏，天气回暖，依照二十四节气，这天就是"立春"了。不过，从汉代一直到辛亥革命以前，这一天才是真正意义上的春节——立春之节。而现在把正月初一视为春节的历史，一共还不到一百年。

在立春这天，传统的北京人必吃上一口春饼炒合菜，这不仅为了应"咬春"的典，更是寓意着在新的一年里一家人能和和美美，顺顺当当地过日了，正所谓"天地一家春"。其实"吃"在很多时候都不是为了充饥，而是对一种

16

情感的寄托。

所谓吃春饼炒合菜，就是用烙得薄如宣纸的面饼，卷上早春特产的时蔬烹炒的菜来吃。这个习俗应该是从唐朝就有的。《唐四时宝镜》记载道："立春日，食芦菔、春饼、生菜，号春盘。"大诗人杜甫的那首题为《立春》的诗里也说："春日春盘细生菜，忽忆两京梅发时。"北京这地方儿四季分明，京城里的人懂得享受生活，特别注重时令节气，表现在吃上更是追求个"应季"。所以，对于这春天里寄托了美好憧憬的第一口吃食，自然是马虎不得的。

最基本的合菜就一荤一素两样儿，做起来也并不复杂。先说这盘儿荤的，就是把洗干净的猪里脊切成一寸来长、火柴棍儿粗细的丝，再把粉丝用温水泡成水粉丝。之后，用葱花儿、姜丝炝了锅，煸炒猪肉丝，加上些料酒、酱油，为的是提味儿，紧接着再放进去发好的粉丝稍微煨上一煨，起锅的时候俏上些个一寸来长的蒜黄儿。要是能用韭黄儿代替蒜黄儿，会多上一缕清香，少了几分辛辣，就更有春天的感觉了。

另一盘儿主要是三两样儿素菜，虽说是素的，可却比那盘荤的金贵得多。而要咬的"春"，也正体现在这三两样儿

17

素菜里。

什么是最鲜美的菜？古人说得好：早春的韭菜和晚秋的大白菜。所以这"咬春"的菜里必有韭菜，而且是比春韭还要鲜美的青韭。

所谓青韭，其实是在冬天的暖房里培育出来的。这种韭菜的根儿发白，是因为用马粪培在韭菜根儿上保温捂出来的。别看它很细，却特别提味儿，用刀切上几根儿就会让满屋子飘着一股难以言表的清香。据说吃上这么一口鲜辛的青韭，能把整个漫长冬季里积攒在五脏六腑中的浊气全都驱赶出去，让人从里到外焕发出勃勃生气。

另一样儿菜也是早春的珍品，就是只在残冬和早春才出产的"火焰儿"菠菜。这种菠菜算得上是这个季节难得的鲜货——火红色的根儿娇艳透亮，碧绿的叶子短粗而肥实，层层叶子的中央还生着一簇娇嫩的黄心儿。拾掇这种菠菜有个窍门儿，最好不用刀切，而要用手掰，然后撕成一寸来长，这样菠菜的清香味儿才体现得淋漓尽致。

两样儿珍品时蔬准备妥当，就可以开始炒这盘子用来"咬春"的素菜了。先把绿豆发的豆芽儿菜洗干净，切了须子，炝锅后上旺火爆烹，再把事先预备好的菠菜段儿和一小撮儿青韭段儿推进去，然后，点上一勺子香醋和几滴香油，立刻起锅，顿时芳香满室。不过，炒这盘子素菜还真要些手艺，必须找准了火候儿，得做到菜熟而不塌秧，看上去色儿正，吃起来利口，而且不能出汤，这滋味才地道。

把一荤一素分着装盘儿是我家的吃法，为的是每个人可以根据自己的喜好随意添加。也有人家儿把这两盘儿搅拌成一盘儿，再摊个大大的鸡蛋饼放上头，号称"炒合菜盖帽儿"。这么一来，就更透着和和美美了不是？至于炒合菜的菜为什么要全切成丝儿，那是为了寓意顺顺当当。

"咬春"——一个多么生动的字眼儿，在北京人看来，春天是可以实实在在用牙齿咬到的。

一冬天没怎么吃上青菜的北京人，就是这么咬上一口鲜嫩异常的"火焰儿"和能焕发生气的春韭，在和和美美、顺顺当当中品味着悄然而至的春天，与其说是为了解馋，倒不如说是一种精神需求和生活享受。

上面说的炒合菜，只是春饼里所包裹的最基本的内容，普通百姓家都吃得起。要说春饼就连达官贵人乃至皇亲国戚也都好这口儿。《我的前半生》里就记载着末代皇帝溥仪一连吃下六个春饼，领班太监知道了怕他撑着，叫两个太监一左一右提起他的双臂，像砸夯似的在砖上蹾他消食儿的趣闻。只不过不同阶层的人所吃的春饼的内容是有区别的，这也是人之常情。

稍微富裕些的小康之家吃春饼，除了上面讲的这两道热菜，还得至少备上两盘儿冷荤：一盘儿是切成条儿的松仁儿小肚儿，再有一盘儿就是切成丝的酱肘子或者酱肉。这就是立春之日一顿简约而丰盛的大餐了。这两样吃春饼搭配的经典冷荤我习惯买"天福号"的。这家乾隆三年开业的老店做的肘子至今还是那么酥嫩，不腻口，不塞牙，五香小肚儿也依然香醇，吃起来那叫够味儿。

更丰盛一些的春饼大餐是过去北京的大宅门儿里吃的，还要外叫一种盒子菜。

提起盒子菜，就得先说说什么叫盒子。它特指装冷荤用的朱红扁圆的漆盒，有大有小，小的直径半尺，大的直径有三尺的。简易的盒子分成六格，正规些的是周围九个格子，中间一格圆盘儿。还有更复杂的，能分成上下两层。这样的每个格子里是一个可以拿出来的漆盘，每个盘子里都装着一样冷荤。盒子菜的内容除了刚才所说的酱肘子丝、小肚条儿以外，一般还会有炉肉丝、叉烧肉丝、火腿丝、口条丝、酱鸡丝、熏鸡丝、腊鸭丝、烧鸭丝、咸肉丝、香肠丝等等品种，虽都是凉菜，却也非常精致，做到了名副其实的"脍不厌细"。

在这七七八八的丝中，炉肉丝值得特别提上一提。现在除了老北京人，很少有人知道"炉肉"为何物了。所谓炉肉，就是用皮薄肉嫩、五花三层的猪肉经过洗刷、烫皮、挂糖后烤炙成的一种美味肉食，色泽红润，皮酥脆，肉耐嚼。炉肉可以直接切了蘸酱油吃，也可以或蒸或扒，都是难得的美味。用烤炉肉油炸制的丸子，就叫炉肉丸子，过去有专门卖的。炉肉丸子熬白菜是典型的北京吃法。只可惜由于炉肉制作工艺复杂，很多年来近乎绝迹。幸运的是，2006年天福号又恢复了这种传统美味的制作。

老北京曾经有专门经营盒子菜的店铺，叫盒子铺，根据客人的需求搭配上不同的品种送外卖。其中最有名的一家是东华门外的金华楼，之所以有名，是因为清宫里吃春饼的盒子菜都是由这家供应的，可惜这家店现在早已不见了踪影。

北京虽说没了盒子铺，但卖冷荤的熟食店倒是一直有。就比如前面提到的天福号，所售的熟食属于典型的北方咸香口儿。您若是喜欢吃南味儿的，不妨尝尝浦五房的叉烧肉和酱肉、酱鸭，无不红润透亮，鲜香微甜，裹在春饼里吃越发显得别致。据说浦五房咸丰年间开业于苏州，算得上是地道的江南老店。自打1956年从上海迁到北京，这一晃又过了六十多年，经营的酱货里也渐渐融进了北方的技法，变成了京城里的老字号。还有清真老店月盛斋的酱牛肉，味儿特足实，那也是吃春饼的绝配。吃盒子菜是一件很随兴的事儿，就是把各种盒子菜摆在桌子上，根据个人的不同喜好，挑选自己爱吃的品种和炒合菜一起卷在春饼里头吃，颇有点儿像现在的自助。卷薄饼还得有点儿技巧，最好是各样菜都要放上一点儿，卷出来的饼讲求直挺整齐，吃到最后也不会松散或滴出汤来，那才是行家。怎么个卷法呢？手上托着一张薄饼，压着一多半儿把各种冷荤和炒菜布上，中间垫上双筷子，把另一半儿盖好了就势一卷，抽出筷子，就变成了一个挺实的细筒儿。然后像吹喇叭似的往嘴里一送，"吹"完一筒儿再卷一筒儿，直到您饱了为止。

最后，必须说说吃春饼用的薄饼，也叫荷叶饼。别小看这张薄饼，它的作用绝不是一张简单的包装纸。如果烙不好，要么艮硬难咬，要么没有筋骨，春饼大餐的风味就会大打折扣。

荷叶饼，手掌心儿大小，薄如宣纸。现在很多人家儿已经不会自己烙荷叶饼了，而是去买现成儿的。不过现在超市里卖的那种几十张一摞的所谓"春饼"，其实不是烙出来的，而是蒸出来的。这种饼吃起来自然比现烙的大为逊色。能吃不能吃？能吃。讲究不讲究？不讲究。所以还不如费点儿事，自己在家里烙。

烙荷叶饼虽说没什么难的，不过倒也有些个门道。我家的做法是这样的：把精面粉倒进一个盆里，用开水浇进去，烫上将近一半儿的面粉之后，马上用筷子使劲搅和，这些烫得半熟的面粉就成了疙瘩似的，而另一半则还是干面粉。就把这疙瘩儿噜苏的一盆面先放在那儿晾凉了。之后，再倒进去凉水和成一块整面，只有这样烙出来的饼才有弹性，有咬劲儿。

随后的工作类似于做饺子剂儿，只不过剂儿要切得比包饺子的大些个。两个剂子一对儿，其中一个沾上一点点素油，把有油的一面儿和另一个摞在一起，俩一合，按成一张，用擀面杖擀成均匀的小圆饼，是越薄越好呀！然后，就可以把这张两层的薄饼放在铛上烙了，两面儿烙到颜色微微有些发黄，就够火候了。要注意的是，铁铛上最好不要直接

23

倒油，而是用一块肥肉擦上几下子。

临吃的时候把烙好的春饼一揭两张，用一只手托上一张饼，先抹上些甜面酱、香油，再添上合菜和自己喜欢的冷荤，还要布上几根儿地道的伏地羊角葱丝，卷起来，咬上一口——那感觉是利口而不腻，滋润而通泰，真正是实实在在可以在唇齿之间荡漾的春意。这么说吧，比您吃过的烤鸭棒多了。

吃完了春饼，讲究的吃法还要就着用糖和醋暴腌儿的鲜芥菜丝喝上一小碗香稻米粥，溜溜缝儿就真不愧是春天里的第一道美味了！

上面说的是经典的吃法儿。之所以是这么个搭配，主要是由于过去条件所限，早春可吃的新鲜蔬菜品种太少。在现在，如果按您自己的喜好包上黄瓜丝、生菜叶子、彩椒丝等等七七八八的菜丝，只要调配和谐，滋味也肯定错不了。这也体现了春饼的精神——兼收并包，随意散淡，又不乏淑气清新，愉悦和谐。正如地道北京人的生活态度。

吃过春饼，表示严冬已过，又是天地一家春。

对美食的丰富而细腻的感受，是穷尽一生也体验不完的。吃，其实是没有定法的，它是一门充满了人间烟火的学问，更是一种即兴的，与生活交融在一起的行为艺术。

豌豆黄儿·惊梦

老北京人，不管是有权有势的还是没钱没势的，都擅长享受生活。反映在吃上更是讲究。在北京，有好些个吃食带给人的不仅仅是口腹之美，更是一种人们心里对生活的满足和快意。说俗了就是吃着玩儿的。豌豆黄儿就是这类吃食的典型。

豌豆黄儿原本只是应季的民间小吃。上个世纪五十年代以前，每到农历三月三，京城里的人就要出崇文门，沿护城河南岸往东，到东便门蟠桃宫逛庙会。那时节，城墙根儿和护城河堤岸上都已经露出一丝淡淡的嫩绿，和煦的春风带着它的暖意摇曳着护城河两岸那镶嵌了点点鹅黄的柳枝，也送来了推着独轮车的小贩那宛转的吆喝："嗳……小枣儿豌豆黄儿，大块的嘞！"

这些卖豌豆黄儿的小贩大部分来自平谷和香河，他们一边招呼着主顾，一边熟练地掀起那块罩在独轮车里大砂锅上的湿白布，切出一大块黄澄澄、香喷喷、嵌满红枣的豌豆黄儿递给买主，那架势就像是现在卖切糕的。从这天开始直到农历五月天，北京城的大小胡同里都能看到他们推着独轮车的身影，听到那动听的吆喝："嗳……小枣儿豌豆黄儿，大块的嘞！……"

这种原生态的豌豆黄儿也叫粗豌豆黄儿，闻起来有一股豌豆和小枣儿混合而成的特有的浓郁香气，吃到嘴里甜沙、爽利，隐隐约约地还有一丝清凉。粗豌豆黄儿很便宜，它是初春时节京城老百姓的一种伸手可及的享受。《故都食物百咏》里有一首诗专门写这种豌豆黄儿："从来食物属燕京，豌豆黄儿久著名。红枣都嵌金屑里，十文一块买黄琼。"

这种粗豌豆黄儿做起来比较容易，只是在大砂锅里把白豌豆去皮焖烂了，再加上煮熟的小枣儿和白糖熬成稠粥似的，最后加上石膏水搅拌成坨儿放凉，就可以切着卖了。现在一些中低档小吃店里卖的豌豆黄儿基本也是这么做的。

按照传统，吃豌豆黄儿的时令是暖融融的春景天，因为吃的就是个温润劲儿，唯有大地回暖的春季最能彰显它的品性。天冷的时候吃这口儿显得凉了些，而真要到了热天又没有冰碗儿那么透心儿凉。

至于豌豆黄儿的来历，已经无从考据了，据说本来是明朝时回族人发明的，逐渐在北京流传开来。后来，有人说是在乾隆的时候，也有人说是在慈禧的时候，这种民间食品被清宫御膳房发现了，摇身一变，竟成了皇帝宴席上必不可缺的精细御点。

现在，人们总是爱把美食和宫廷扯上些关系，借以抬高它们的身价儿。但御膳的吃法想必更多的还是来源于民间，不过进了宫的玩意儿毕竟要比庙会上的讲究，就这么着，粗豌豆黄儿也就演变成细豌豆黄儿了。

细豌豆黄儿的最大特点就是精致、细腻，做起来自然也就要些功夫。首先在选取原料上就得精细，只能是产自京东的上好白豌豆。颗粒饱满、颜色纯正，加工工艺更是精细。要用秀气的小石磨把豌豆去了皮，再用清水把破好皮的豌豆洗得干干净净，然后泡上三遍。泡好后的豆子要加上一点点碱，用专用的铜锅慢慢糗成豌豆稀粥。粥煮好了还要带着原汤过细笓筛，把杂质和渣滓全清出去，再倒回锅里面，加上冰糖，用木铲不停地慢慢翻炒。为什么要用铜锅和木铲呢？因为豌豆泥沾了铁器就变黑了，不漂亮了。如果现在做，改用铝锅也问题不大。

炒豆泥可是个细致活儿。火候不够，炒嫩了，水分太大，冷却以后凝不成块儿；火候过了，炒老了，水分太少，凝成的块儿就会出现裂纹，没了细腻劲儿。

怎么掌握分寸呢？有个窍门儿，就是随时用木铲捞起锅里的豆泥来试，让铲子上的豆泥缓缓流淌到锅里，如果它并不立即和锅里的豆泥相融，而是先堆成一个小堆儿再渐渐消融，就算是够火候了。

炒好的豆泥先要倒进半寸来高的白铁皮盒子里，上面蒙张薄纸，为的是防止它出裂纹。晾透了以后，切成手指肚儿大小的小方块儿，摞成金字塔形码放在小平碟子里，就可以上御膳了。

细豌豆黄儿里去了小枣儿，突出了豌豆纯净自然的本味，这不能不说是一个大胆的改革。越简洁质朴的东西，可能滋味就越纯正，越真切，也越地道。淡黄色的细豌豆黄儿如田黄美玉般纯净细腻、温润通透，更加突出了御膳的精致，吃到嘴里清凉滑爽，那淡雅清幽的豆香回味悠长，既体现了"食不厌精"的古训，也找到了食之真味的本色。

对于小吃，北京人所追求的不只在于"味"，更在于能鉴赏"味"之"美"的那种修养能力。这种鉴赏能力有时类似于把玩手中的一件精致的玩意儿，其意味更多的是在于吃之外。它带给北京人的是一种既实际又不乏精神性的享乐。这种享乐既满足了现实的口腹之欲，又偏重于一种闲适散淡的情趣和自在自得的气度，有别于胡吃海塞的大吃大喝。

就这样，这种本不起眼儿的民间粗食，经过改革竟也登上了各种高级宴会的席面。在中国，改革总是会遇到很大的阻力，但在吃上却是个例外。或许中国人把改革的热情全放在吃上了，所以中国的美食才让洋人望尘莫及。

小小的豌豆黄儿不断被食客铭记并且回味着。吃一席美食，真正给人留下印象的也就是点睛的那一两样儿，而且往往都不是那些大鱼大肉的主菜。豌豆黄儿就是这样，最终从各种御膳大菜中脱颖而出，其声望远远超出了什么"山八珍""陆八珍""海八珍""四抓炒"等等正儿八经的宫廷名菜而流传至今。1972年2月，经周恩来总理亲定，豌豆黄儿成了接待尼克松总统的国宴上的头道甜品。

豌豆黄儿有了名气，很多来北京的朋友自然也想尝尝。于是大伙儿从超市、从食品店买了各种用保鲜膜包着的豌豆黄儿。打开一尝，并没有传说中的口感和味道。于是怀疑豌豆黄儿的美妙是否仅仅是编故事？其实豌豆黄儿吃的是个新鲜，吃的是个细润，放的时间长了，水分蒸发不说，豆泥也会微微发酵变酸，吃起来自然逊色多了。这么说吧，现做的，好吃；放上一天，就不是那味儿了。可现在想尝这口儿的人多了，哪有那么多现做的呀？结果即便是某些名店的豌豆黄儿，也都是委托外加工厂生产的，一做就是几百斤，您想能精细到哪儿去？唯有个别老字号还坚守着过去的规矩，比如什刹海银锭桥边的庆云楼，小指肚儿大的豌豆黄儿精巧的一小碟儿，还是从前那味儿。不过仅限于堂食。我吃到最好吃的豌豆黄儿并不是在北海的仿膳，而是在中山公园里的"来今雨轩"——从白瓷小碟儿里夹起一块，小巧玲珑，细腻温润，放进嘴里，只轻轻一抿，竟然如梦般化得不知去向，只留下唇齿间一缕清纯甘洌，伴随着若隐若现的清凉直沁心脾。

记得那次饭后，去中山公园音乐堂听了出昆曲《牡丹亭》——《游园·惊梦》，清雅而委婉，细腻而精致，不由得令人心头一惊：呀！怎么竟和那豌豆黄儿异曲同工？

美味，从来都是和情感纠葛在一起的，即使一块小小的豌豆黄儿也是。

谁承想，这本《京味儿》再版时，那曾经的老店已是人去楼空味不再，空留些影影绰绰的念想在心头。

北京菜头牌

　　传统的北京酒铺儿里常卖一道小菜——一个不大的小碟儿里油汪汪的，浸着一小坨儿青灰色的膏儿，其间嵌着几颗青豆，上面有一个小窝儿，窝儿的周围撒着一圈儿青韭段儿。小窝儿里浇着红亮的辣椒油，油里浸着两三段儿炸焦了的辣椒。曾有外地食客问我这是什么，这就是地道的北京菜头牌——炒麻豆腐。

　　别看这玩意儿灰不溜秋，貌不惊人，然而它却是老北京酒鬼们"渗"酒的上品。

　　地道的北京人喝酒不是把酒一仰脖儿"咕咚"一声倒进肚里，而是讲究细细地品味，咂摸那酒的滋味，一点一点慢慢品，恨不能让浑身上下每一个细胞都渗进酒去，这就叫作"渗"。而一碟儿细腻醇厚的麻豆腐有滋有味儿，还非常耐吃，当然成了渗酒的绝配。一个真正的北京酒鬼，可以守着大酒缸，从中午到黄昏，只就着这么一小碟儿麻豆腐，美美地渗下半斤酒去，直到夕阳西下，远处隐隐的西山也沉浸在落日的霞帔里，才心满意足地微醉着，拖着长长的身影，晃晃悠悠顺着胡同回家。

麻豆腐不仅可以渗酒，还非常下饭，我小时候就着一小碟儿炒麻豆腐可以吃上一大碗米饭。根据中医的说法，麻豆腐还有消渴、解毒、去火的功效。这道菜还是雅俗共赏，据说从京剧名伶、社会名流，到王公大臣乃至那位馋嘴的慈禧太后老佛爷，都喜欢得不得了。而且，这道小菜天下独一无二，就咱北京才有，因此称得上是咱北京菜的头牌。

麻豆腐的做法各家不尽相同，一般的方法是这样的：先把腌好的雪里蕻洗干净了，用清水反复浸泡洗过，去了咸味儿，顶刀切成末儿。青豆也先用水泡上半天儿，然后煮到刚熟但还没烂的地步预备着，再用铁锅把羊尾煸炒出油来，放葱姜炸香了。注意，这玩意儿特吃油，羊尾得多放些，一般一斤麻豆腐要用二两多羊尾油。葱姜炸出了味儿，再放一点儿黄酱煸透煸香了。黄酱不必多，就为借个味儿。之后生麻豆腐就可以下锅炒了。

炒麻豆腐要用文火，一边翻炒，一边加上料酒、酱油、雪里蕻、煮熟的青豆，同时要加进去大量的水，水要能把麻豆腐没过才成。做这道菜不能离开人，要不停地用铲子抄着锅底翻炒，这样才能保证不煳锅，不巴锅底。

一会儿，锅开了，锅里的麻豆腐会泛起许多大大小小的泡儿，伴随着"咕嘟咕嘟"的响声儿，一股麻豆腐所特有的酸香气扑鼻而来。老北京有个歇后语，叫作"炒麻豆腐——大咕嘟"，说的就是这个过程。这时候仍要不断地翻炒，不能着急，等水渐渐地糗进麻豆腐里，让水和麻豆腐完全交融，有了黏性和糯性，泛出一股特有的酸香味儿，把麻豆腐彻底炒透才算炒得了。这种炒法有个专有名词，叫作"干炒法"。火候不到，糗得不透，炒出来的麻豆腐就不滋润。所以干这活儿要有些个耐性。

把炒得的麻豆腐盛盘儿，用小铁铲拍成个墩儿形，还要在墩儿的上头压出个小窝儿来，把切好的一寸来长、葱芯儿绿的青韭段儿撒在窝儿的四周。青韭很细，特提味儿。在没有青韭的季节，用一种叫"野鸡脖"的根紫叶绿的春韭代替也成。

这还没完。下一道重要的工序是炸辣椒油。在另一个干净的小铁勺里倒些素油，烧热了，把预备好的干辣椒段儿推进去炸。辣椒不用多，三四段儿足矣。不过这辣椒可有讲究，只能使原产北京的长尖椒晒成的干红辣椒，剪成手指肚儿长短的小段儿。别的地方的辣椒，不论是四川的还是陕西的，一律炸不出那个纯正味儿。瞧着辣椒段儿变成深紫色的时候，把辣椒油和辣椒段儿一起浇在麻豆腐中间的窝儿里，只听"吱啦"一声儿，齐了！

往桌上一端，青灰的麻豆腐泛着羊脂的醇香气，上面透红的辣椒油里点缀着碧绿的青韭，吃到嘴里咸酸辣香，醇厚滋润，那口味是其他任何菜品所没有的。要是咬到羊尾油渣，顿时唇齿间一股油香。麻豆腐的味道不像它的孪生兄弟豆汁儿那么怪异，即使是第一次吃，也完全可以接受。

炒麻豆腐还有很多种变化。比如有的人吃不惯羊油的膻味儿，就用素油炒，再往里头搁点儿肥肉丁儿。雪里蕻是为了让炒出来的麻豆腐有筋骨，也可以不放。另外，还有先煸了肉末儿再炒的。也可以不加青豆和黄酱，都能炒出不同风味儿的麻豆腐。但有一条不能变，就是首先这麻豆腐本身得纯正——最讲究的是用东直门四眼井粉房里出的麻豆腐，当然，现在是没有了。其次，配料和工艺都得讲究。现在有的饭馆儿说要做京味儿菜，炒麻豆腐吧！可那厨子自己就没吃过地道的炒麻豆腐，还以为和鸡蛋似的下锅一扒拉就行呢。您说，他能做出来地道的京味儿吗？而且，说句实在的，现在想买到正宗的生麻豆腐，不能说没有，反正不那么容易！

说得这么热闹，麻豆腐到底是什么呢？其实，麻豆腐就是做绿豆淀粉或粉丝的时候剩下的下脚料。这么说吧，用黄豆磨豆浆剩下的叫豆腐渣，用绿豆磨豆浆剩下的豆腐渣经过加工，就叫麻豆腐。北京人从不吃稀奇古怪的东西，而是善于用真正的手艺把不可能变成可能，把极平常的东西做出不寻常的滋味。

过去粉房碾绿豆，用大石磨随碾随加水，倒进缸里澄着，就分成了三层，顶细的是做淀粉、粉丝的原料，缸底沉淀出的一层稠糊糊、暗绿色的细渣和上面暗绿色的漂浮物，经过提取，装进布袋加热一煮，滤去水分，就成了麻豆腐。剩下顶稀的部分，就是大名鼎鼎的豆汁儿了。

别看是北京菜的头牌，用的原料就是这么不起眼儿的东西。所以生麻豆腐很便宜，但炒好的麻豆腐的价钱会翻上十倍。道理很简单，这东西费油、费料、费工夫。炒麻豆腐虽说算不上什么稀罕菜，但贫苦人家儿也不是经常吃得起的。吃这口儿，有钱人可以上瘾，但穷人，只能是偶尔享受。

现在有一些忽然间富起来的人，总是先想用吃来炫耀自己的成就，可吃什么呢？什么贵就吃什么，什么稀奇古怪就吃什么，至于自己的舌头是否舒服，肠胃是否适应，那就不管了。这些人还不知道，真正懂吃的人讲究品的是地道的滋味，而并不是名贵的材料。吃的东西可以贵，但贵要有贵的道理。越是简单的材料，越要考究的工艺，才越能体现吃主儿的品位。

老北京人对吃食所下的功夫，非一般地方的人可比。这首先是因为北京从传统上讲是一座消费型的城市，老北京人要么是靠吃俸禄过日子的，要么是为吃俸禄过日子的人提供各种消费服务的。他们大多都是精明的消费者，对质量、品种、价格、制作工艺都十分有研究，即使是平民百姓也深受这种影响。

还有一层不为一般人注意的原因，就是这种对吃的钻研精神还有转移注意力，逃避现实的内在动机。北京从来都是各种政治力量角逐的战场，特别是清朝末年到民国期间，说不定什么时候历史的风云就在身边翻卷起来。早就被各种惊心动魄磨光了锐气的老百姓能做些什么呢？只有采取从找乐儿中逃避现实的态度。有钱有闲的人提笼架鸟，下棋，斗蛐蛐，研究吃喝；没钱没闲的人也就只能琢磨着用便宜的原料做出不寻常的美味了。而且即使是很便宜的东西，他们也做得很认真，吃得郑重其事。尽管有些鸵鸟意识，却也是老北京人所特有的一种生存能力。

北京人讲究吃，但绝不奢侈，这炒麻豆腐就是最好的例证。本来是不起眼儿的下脚料，经过会享受生活的北京人用心琢磨和别具匠心的加工，竟然摇身一变成了北京菜头牌。这一方面可以看到北京人善于找乐儿的生活态度，另一方面，也说明了生活的美味在于有创意的发现和精心的制作。

无鱼不成席

俗话说："无鱼不成席。"对于北京人来说更是如此。

所谓"席"，是指比较系统的吃法，大到上百道菜的所谓满汉全席，小到几道菜的便餐。点出一席菜，那简直是个系统工程，必须做到冷热荤素搭配适宜，品种口味相得益彰。

席面的上菜顺序也有很多章法，而且各地也有不同。按照北京的规矩，一般是从凉菜、冷荤，到热炒、大肉，等到鱼一端上来，基本就剩下最后一道汤了。可见鱼在席上所占的位置。也难怪，北京不同于南方的鱼米之乡，以前，鱼不是寻常百姓平日里常能吃上的，所以吃鱼自然就成了一件比较正式的事儿。

曾有一位南方朋友说："你们北京人不会吃鱼，鱼要吃得清淡，那才是鱼的味道。而你们北京人做鱼，口味太重，把鱼本身的味道全压没了。"这话有些道理，北京本来产鱼就少，也就黑鱼、草鱼、鲇鱼、鲤鱼、白条子这几个品种。传统上北京人常吃的海鱼，也仅仅限于来自渤海的黄花鱼，连吃带鱼的历史都不算很长。顺便说一句，北京人席面上的鱼讲究有头有尾。顺眼不说，还讨个有头有尾的吉利话儿。所以，烧带鱼段儿原本是上不了席的，三年困难时期以后，也没了那些个讲究。再加上过去天冷，一年里能有近五个月的冬天，况且北京人本身就口重，所以北京做鱼的经典做法尽是什么红烧、糖醋、酱焖等等口味浓重的，而且主要用鲤鱼。

过去的大饭庄子里一条鲤鱼可以有四种做法：红烧鱼头、糟熘鱼片、酱焖鱼尾，最后连鲤鱼的五脏都不浪费，要"清烩鱼脎儿"。不过现在网箱里养的鲤鱼，肉都糟得要命，简直就没法吃了。或许过去北京产的鲤鱼好吃？或许因为鲤鱼让人联想到圣人所说的"礼"？我没太弄明白。据说昆明湖里的鲤鱼确实非常好吃，颐和园里的"听鹂馆"也以做"全鱼宴"而著称，不过我没有亲自尝试过。

话又说回来，北京人做鱼也不全都是厚重的口味，有一道经典的京城鱼菜，就很清淡鲜爽，这就是"醋椒活鱼"，它是过去北京老饭庄"丰泽园"的拿手绝活儿。

北京有句老话，叫作"炒菜丰泽园，酱菜六必居，烤鸭全聚德，吃药同仁堂"。当年的丰泽园可是四九城里首屈一指的大饭庄。早年间店里用大木盆养活鱼，为的就是做这道醋椒活鱼。因为这道菜的鱼是不过油炸的，必须现杀现做，只有这样，做出来的鱼才自然舒展，肉才能有弹性。如果鱼死了一个多小时，肉就收敛起来，吃起来感觉死气沉沉，没个活泛劲儿。

醋椒活鱼这道菜源于山东，大概是清朝中期传进北京的。但北京的做法和山东不太一样：山东讲究用黄河鲤鱼，要过油冲一下；北京的醋椒活鱼不过油，最讲究的材料是鳜鱼。

鳜鱼是纯中国产的名贵淡水鱼，有的地方叫花鲫鱼，外国人也把它叫中华鱼。中国的各大菜系中几乎都有用鳜鱼做的名菜，比如苏菜的松鼠鳜鱼、叉烧鳜鱼，鲁菜的干蒸鳜鱼，川菜中的干烧鳜鱼镶面，粤菜的碧绿鳜鱼卷，徽菜的臭鳜鱼，鄂菜中的茄汁鳜鱼，孔府菜中的烤花揽鳜鱼，等等，就连满汉全席里也有鳜鱼做的菜，像菊花鳜鱼、五香鳜鱼……鳜鱼在水里是吃小鱼小虾米的，所以肉质特别鲜嫩，肉厚，刺少。吃鳜鱼的最佳时节当然最好是在桃花盛开的三、四月间，因为春天的鳜鱼最肥美。那句著名的唐诗"西塞山前白鹭飞，桃花流水鳜鱼肥"，说的就是这回事儿。除了鳜鱼以外，草鱼、青鱼、目鱼也都可以用来做醋椒鱼。但如果是用北京本地产的鲤鱼，不过油就会有土腥味儿了。

做醋椒活鱼本身没什么难的。把一条一斤六两左右的鳜鱼拾掇干净了，先用开水烫一下，再用凉水一冲，为的是去除刮完鳞后鱼身上的那层黑皮。刮的时候手要轻，不能把肉刮烂了。然后，在鱼身的一面剞成十字花刀，另一面剞成一字刀。再放回开水里焯，眼看着刀口的鱼肉翻了起来，就算焯好了。这样做出来的鱼才有光泽，肉才会裂出一定的纹理。

焯好的鱼捞出来先放盘子里预备着。准备几粒白胡椒粒捻成粉，这就是醋椒鱼的"椒"。铁锅里放一些大油（猪油），用葱段儿、姜片儿炝锅，同时把白胡椒粉放进去煎，炒出香气。倒入鲜汤，加进料酒、盐和焯好了的鱼一起煮。

先用大火把汤煮白了，再用中火炖上十分钟左右，汤就成奶白色了。这时候，把鱼完整地捞到一个汤盆里，把剩下的汤里的葱、姜捞净，加上眉毛葱和一把香菜末儿，淋上两勺清爽的米醋，再把热汤浇到鱼上，点上几滴香油，就算做成了。

先煎胡椒，后加米醋，是做这道菜的窍门儿，这样可以使鱼更加鲜香，不但解腻，还能醒酒。除此之外，上面说的鲜汤可是个关键环节。菜要做得口味地道，是不能用味精的，全得靠汤。

这个汤可不是现在粤菜馆子里的"煲汤"，而是专门调味儿的汤，俗话说："当兵的枪，厨子的汤。"不会调汤的厨子，就算不上好厨子。大饭庄和家里做菜的区别也全在这汤上。因为大饭庄用的汤是所谓的"清汤"，是用整只的老母鸡、填鸭，大块的五花肉经过熬汤，过罗，把鸡肉、牛肉分别剁成肉茸，在汤里煮了以后压成饼，再把两种饼下到汤里用小火煨，打净浮沫儿做出来的。这种方法叫"双吊法"，看上去清澈，喝起来鲜美。但一般人家里是不会这么做的。怎么办呢？大多用清鸡汤代替就可以。

有席必有酒。一席下来，人们喝得酣畅淋漓，当有几分

43

醉意的时候，用白底蓝花腰盆端上来这么一盆水嫩的醋椒鱼，鱼与汤两者兼得，看上一眼就觉得清爽冷静，喝上一口更感到酸辣提神。鱼没吃完，酒已经醒了一半儿了。所以，这才是席面上名副其实的压轴菜。

吃醋椒鳜鱼还有个讲究。当鱼吃完了，汤喝净了，这道菜的程序却还没有结束。汤盆里不是还剩下一条鱼骨头嘛，您把大厨请过来，对他说："烦劳您端去回回勺儿吧，可别走了味儿！"甭嫌寒碜，真正讲究吃的人绝不浪费，人家肯定也觉得您才是真正有品的吃主儿。用不了多会儿，就会给您端上来一盆又浓又鲜，用醋椒鱼骨回勺儿的高汤，让您回味无穷。

煎鸡蛋容易吗?

如果形容一个人不怎么会做菜，往往说这人也就会煎个鸡蛋。或许大多数人觉得好像再没比煎鸡蛋更容易做的菜了。不过，煎鸡蛋真就那么容易吗？我说几种鸡蛋的煎法，您试过吗？

先说个古典的：两个生鸡蛋，蛋清和蛋黄分别打在两个碗里，蛋清碗里加进去切得细细的荸荠末儿，蛋黄碗里放上同样切得细细的海米末儿，搅拌匀了。然后各自煎成小圆饼，黄饼放下面，白饼放上面，摞在碟儿里。之后，还要浇上一勺用高汤和虾仁丁儿、火腿末儿、笋丁儿熬成的浓汁。这道煎鸡蛋是仿照孔府菜的做法，充分贯彻了孔老夫子"食不厌精、脍不厌细"的理念。

再说个时尚的：取一个瓷盘或陶盘，在盘心儿里抹上层橄榄油，把盘子直接放在天然气灶眼儿上，用最小的火烧热了，取一个生鸡蛋打上去，片刻，端下来，点两滴精品酱油，一个自然、完美的蛋就煎得了。不过要注意，盘子得选能耐高温的。我就烧炸过一个非常精美的盘子。

还有个浪漫的：用清水代替油，用茉莉花代替葱、姜，"水煎茉莉蛋"，芳香扑鼻，而且不贵。

吃，有时并不复杂，而在于发现。有一次出差，一个朋友见我直接用盐花儿蘸煮鸡蛋吃，戏言是个恐怖事件。其实，这么吃非常鲜美，只是盐千万别蘸多了。

鸡蛋，是再平常不过的食材，您尽可以发明出不同的做法。就比如我新学了一手儿叫"微波"鸡蛋，也挺实用的。小瓷碗里抹匀了香油，一个生鸡蛋打进去，点上两滴鲜酱油，可以撒上香葱末儿，也可以不撒，用保鲜膜把碗口包严实了，放进微波炉里，高火一分钟，只要听到里头"啪"的一声响就算得了。拿出来揭去保鲜膜，就是一个喷香漂亮的煎鸡蛋。这种做法省时间，充满了现代感，特别适合早晨给学生做早点。

煎鸡蛋尽管简单，但怎么做、怎么吃，同样也能反映出对吃的一种追求，进而反映出一种生活态度。真正会吃的人并不在意原料是否名贵，而是追求滋味是否地道。做好了，也同样可以成为名菜。在经典的北京菜里，还真就有一道很有名气的煎鸡蛋，只不过改名叫"三不粘"了。

所谓"三不粘"，就是说这道煎鸡蛋不粘碟子，不粘筷子，不粘牙。别看仅仅是一个升级版的煎鸡蛋，可它的名气挺大，关于它的故事还真不少。

一种说法是，北京宣武门外菜市口半截胡同曾经有个开业于清代中叶的餐厅叫隆盛轩，到了道光年间改名叫了广和居。这家馆子经常要做一道叫芙蓉鸡片的菜，所用的原料是鸡肉和鸡蛋清，结果每天都要剩一大盆鸡蛋黄。怎么处理呢？有一位爱琢磨的厨子把这剩下来的鸡蛋黄和白糖、绿豆粉按一定比例调匀了，用大油煎了吃，就发明了这道香甜可口的甜品。可是得有个好听的名字，总不能叫它"煎蛋黄"吧？于是，大家想来想去，就根据它不粘碟子、不粘筷子、不粘牙的特点起名叫作"三不粘"了。

顺便说一句，在北京凡是用"蛋"做的菜，一般都不直接叫"蛋"，比如木樨肉、熘黄菜、甩果儿汤等等其实都是用鸡蛋做的。同样，从老北京人的嘴里是说不出"蛋炒饭"这个词的，而是改称"木樨饭"。这主要是因为北京人认为"蛋"是个不雅的字眼儿，比如说傻蛋、滚蛋、穷光蛋……尽管"扯谈"（此处"谈"音"蛋"）本来是个很文雅的词，可惜也让人说俗了。所以，用"蛋"做的菜，必须有个不带"蛋"的菜名儿，才能上得了席面。

谈到北京人避讳说"蛋"的原因，还有一种解释，说是过去皇宫里负责出来采买的全是太监。太监，最忌讳的就是别人提"蛋"这个字眼儿了，所以形成了这么个独特的规矩。这种说法比较靠谱儿，因为忌讳说"蛋"只在北京里城讲究，也就是现在二环以里。要是到了郊区，并没有多少人知道。北京的文化就是无处不在的皇城文化，从一枚小小的鸡蛋也能看得出来。

回过头来还说"三不粘"。"三不粘"写在菜单上，食客们出于好奇都喜欢点。到了上个世纪初，广和居歇业了，这家馆子的名厨大多被另一家位于西四的老字号"同和居"请了去，一来二去，"三不粘"竟然成了同和居的看家菜，并且流传至今。这个由来算是平民版的。

和这个类似的还有一个文人版的，说是"三不粘"原来叫"软黄菜"，后来是李鸿章的小女婿、近代著名作家张爱玲的爷爷张佩纶给改名叫作"三不粘"了。张佩纶就算是晚清名流，学问渊博，曾经和张之洞齐名。据说清末广和居曾经是朝臣筵宴、名流雅集的地方。那里的许多名菜都是名人和大厨共同琢磨出来的，比如翰林潘炳年的"潘鱼"，内阁中书吴均金的"吴鱼片"，江树畇的"江豆腐"，甚至还有曾国藩的"曾鱼"。张佩纶给煎鸡蛋改个名号，自然也不足为奇。在北京，文化人从来都是餐厅里的一道风景，而会吃，本身也是京城文化名流的做派之一。

如果您觉得张佩纶的知名度还不够大，那还有个更风雅的诗人版。您肯定听说过陆游和他表妹唐琬的爱情故事吧？说陆游的母亲一直看不上这个媳妇，有一次老太太过生日的时候，为了向来宾们再次证明这个媳妇不会料理家务，就当众让唐琬做一道菜，要求是：有面又咬不着面，有蛋吃不出蛋，瞧着有盐，尝尝很甜，不粘筷子不粘盘，不用嚼来就能咽——老太太牙口不好嘛，要吃软的。这可真够难为人的。唐琬走进厨房，没半个时辰，端出了一个盘子，盘子中间热气萦绕着一滴硕大的金色露珠，闻上去芳香四溢，吃上一口，绵甜香滑，来宾自然是一片赞誉。后来就演化成这道名菜——三不粘。

简单的煎鸡蛋，加上这美好的传说，倒也让人在品味绵软柔润、无牵无挂的香甜之间尝出了某种牵挂和相思。不过"三不粘"毕竟没有粘牢唐琬和陆游的婚姻，才子和佳人最终也仅仅是在沈园的粉墙上留下了两首百转愁肠的《钗头凤》。

除此之外，还有一个帝王版。说是"三不粘"这道菜是当年乾隆皇帝下江南路过安阳时，品尝了一道叫桂花蛋的甜菜，发现这道菜既不粘碟子，也不粘筷子，还不粘牙，一时高兴，赐名"三不粘"，并让御膳房的厨子学会了做法，为的是回到宫里给自己做着吃。这道菜就这么着传入了紫禁城。后来又经过一位山东御厨逐步传到了民间，进入了街面儿上的馆子。

北京是座"官"气很浓的城市，即使是一道菜的出处，也愿意跟官场的权力联络起来。杜撰这些故事的文人，正如鲁迅先生在《"京派"与"海派"》里所说的，是"官的帮闲"。老北京城里最高的"官"，当然就是紫禁城里的皇上。"三不粘"和皇帝就沾上了边儿，倒也如愿以偿地抬高了身价。至于是不是这么回事，就无从考证了。

皇帝和文化人往往都被当作美食的幌子。因为会吃的人，必须是既有钱又有闲，还有些个想法和情趣的人，而皇帝和文化人恰恰是这种人的代表。皇帝自不必说，至于文人，从中国文人的老祖宗孔子算起，到苏东坡、曹雪芹，乃至鲁迅，哪个没和"吃"有着这样或那样的瓜葛呀。

不过"三不粘"倒确实和日本天皇沾上了边儿。话说日本前首相海部俊树曾经在同和居吃了一次"三不粘"，结果这位首相回国后，特意派人来同和居灌了一暖瓶"三不粘"带回日本送给天皇尝尝。大概天皇吃得相当满意，在他八十寿辰的时候，又专程请了同和居的大厨去日本做这道"三不粘"。在天皇的带动下，曾经有很多的日本商社拉着整车的客人，专门到现在西城三里河的同和居品尝这道"世界名菜"。

说这么热闹，这道"三不粘"到底怎么做呢？它的做法大致是这样的：先在一小盆生鸡蛋黄里加上白糖，还可以加上一点儿桂花卤，和用清水调好的绿豆粉汁一起用筷子打匀了，最好是过一下罗。然后把锅放在旺火上，烧热了下大油，滑锅后把余油倒出，随即倒入搅匀的蛋黄液推炒。

炒"三不粘"的过程是非常具有观赏性的，炒的时候必

51

须要双手并用，一手用力推炒，要把蛋液带起，另一只手还要不断顺锅边缓缓地把熔化了的猪油淋进去，随炒随加，一刻不停，为的是防止粘锅。炒的时候还要用手勺把锅"嗒嗒嗒"打出点儿来，为的是把空气砸进去，让炒出来的蛋口感松软绵润。大概要这么炒十几分钟的功夫，据说是四百多下，才能把水分炒出来，把油炒进去，炒出绿豆淀粉的韧劲儿。炒的过程中如果不成个儿了，可以再加点绿豆粉调的汁，如果感觉太硬了还可以加点儿水。总之，要让它成个儿，有形儿。等到热油和蛋黄糊充分交融，看上去色泽黄亮鲜艳，用铲子轻轻拍拍，感觉蛋糊柔软而富有弹性，端起锅来掂掂，蛋糊既不见油迹也不粘锅，不粘铲子，这时把蛋糊顺锅倒进盘子里——似糕，非糕，似羹，非羹，宛若一滴大大的金黄露珠滑落在荷叶中央。

金黄色的"三不粘"看上去状似凝脂，闻起来醇香扑鼻，吃到嘴里甜爽滑嫩，吃过以后唇齿留香。菜吃光了盘子上却还是干干净净，什么都不能剩下。

这道菜虽说是甜品，可又绝不是一般意义上的小甜点，算得上是一道正儿八经的、文雅的大菜。因为做这道菜需要些真功夫，所以同和居的"三不粘"卖得还很不便宜呢。

不过话又说回来，用现在的观点看，这道菜是高油、高脂、高糖，属于典型的"三高"食品。从前缺油少糖的日子里可视为珍馐，现在未免让人敬而远之，所以还是浅尝辄止，少吃为妙。毕竟，饮食的风尚也是随着时代不断变化发展的。

寒食换火

在老北京，区别城里人和城外人的标志不在于钱多少，而在于家里是烧煤还是烧柴。城里的住家户儿即便再穷，烧的也是煤。道理很简单，城里找不着那么多枯枝、秸秆当柴烧。那穷得买不起煤怎么办呢？让孩子去垃圾堆捡煤核儿，也就是把别人家烧乏了的煤球儿敲去灰壳儿，将中间未烧尽的黑芯子拿回来再烧。北京的阜成门自古就是走煤的。

在没有煤气炉子的年月里，四九城的家家户户无冬历夏都离不开煤球儿炉子，夏天使它做饭，冬天装上烟筒连做饭带取暖都有了。等到开春儿，要专门腾出两天工夫把烟筒一节一节拆卸下来，烟筒两头儿用草纸塞上，收拾好了预备明年入冬再用。

用了一冬的炉膛里已经满是灰烬，炉瓦也难免有损坏的，这就需要清理炉子，更换炉瓦，膛上新灰，等它自然干透，不至于烤裂，重新生火再用。干这些活儿怎么也得停两天火吧？这两天全家就只能吃凉的了。所以这日子不能安排得太早，太早了天还冷着，凉的吃下去不舒服。一般来说换火会安排在清明节前后。北京这地方节气是特别的准，到了清明，冬装下身儿，天就开始暖和了。

炉子是居家过日子的重要设施，修炉子换火影响到一家老小的吃喝。所以干这活儿就像每年一次的重要仪式。要是讲究的话，得依照旧俗专门放在清明节前一两天的寒食节。

寒食节是哪天？确切算法是冬至后的第一百零五天。按戏文上的说法，寒食节是为了纪念春秋时候那位把自己大腿上的肉割下来熬汤救了重耳的介子推。后来介子推被焚绵山的那天正是冬至后的第一百零五天。所以有的地方把这天叫"百五节"。不过这件事《左传》和《史记》上都没有记载。也有人说禁火冷食的来历可以上溯到上古时代的换取新火。我觉得这倒是暗合了老北京寒食节的实际用途——修炉子换火。

寒食节吃什么呢？无非是些好存好放的。最简单的就是头天蒸出一锅大馒头预备着，就些酱菜、咸鸭蛋什么的。为了有仪式感，馒头上镶嵌几颗红枣儿，号称是子推馍。一下子跟忠臣沾上了边儿，老奶奶可以给小孙子讲出一连串的故事。要是再做漂亮些，揉成面饼夹上枣儿，又开了对折成燕尾形的蒸饼，那就成了子推燕。有的人家还会把精工细做的子推燕用刚变柔韧的嫩柳枝穿起来插在门楣上，预示着春天的到来。这种风俗也叫插寒燕儿。这样的人家多半是来自山西的买卖人。

讲究些的住家户儿寒食节要炸馓子。馓子的做法类似于麻花儿，都是把面条儿卷起来炸透炸酥了。有的人也就叫它馓子麻花儿。其实麻花儿和馓子还不完全一样。麻花儿，是把或粗或细的面条儿拧成麻线似的一根辫子下油炸开了花儿。馓子，是把面条儿撒开了炸的意思。所以在北京的地名里既有麻花儿胡同，也有馓子胡同，可并没有馓子麻花儿胡同。麻花儿胡同在西什库大街路东，馓子胡同就是现在中组部和西单商场之间的那条胡同，后来又改名叫东槐里胡同了。

馓子既香脆又禁存放，放上一个礼拜也不至于坏，特别适合寒食节用。古时候的文化人索性叫它"寒具"。关于"寒具"还有一个有意思的掌故，说是晋代那位曾经下令改简为纸的桓玄酷爱字画，每次请客吃饭都要把自己收藏的字画拿出来给大伙儿欣赏。有个人可能是"寒具"吃上了瘾，一边吃一边用油脂麻花的手摸字画，结果画被弄污了。桓玄心疼了老半天。从此以后，再展示字画之前必先让客人洗干净手，席面上也不再预备"寒具"了。看来，那个时候的馓子就已经很馋人了。

北京风格的馓子和其他地方还不太一样，做着简单，看着精巧，不是那么花里胡哨一大盘子一大盘子的。炸这样的馓子比炸麻花儿相对省油，锅也不必太大，方便在家里做。按照李时珍在《本草纲目》上的说法，做馓子应该用糯米粉。可北京米粉少，所以一般家里做只是用白面粉。具体做法，简单说来就三步：和面，炸，定型。

先说和面。不能直接用水和，而是用温水把白糖融化成糖水和面。和的时候要加些小苏打，这样炸得了是酥的，而不是硬的。面一开始不能和太软，是靠一点儿一点儿往里搋水让它变软的。这样和的面才筋道，才有劲。和成什么样儿就合适了呢？和饺子面的软硬差不多就行。光光溜溜一个面团儿，表面刷上层素油，为了让面不干不粘，方便下一步用。

和好的面要醒上半个钟头之后，揪成核桃大的剂儿，搓成手指头似的粗条儿。在一碗白芝麻里蘸上一层，放在刷了油的案板上轻轻搓成筷子那么细的生坯，让芝麻均匀镶嵌在面上。接着还要醒上一刻钟。

就在醒面的时候，就手儿把油烧到六成热。怎么知道是六成热呢？揪一小块面扔进油里，面团儿先是沉底，之后慢慢往上浮，眼见它刚刚浮起来的时候就是六成热。这就可以开始炸了。

拿起一根镶满芝麻的生坯，两头对折，盘成个环。这道工序非常重要，馓子炸出来漂不漂亮就在于这个环盘得是否匀称。一个个环盘好了摆在案板上。两个一对儿，头尾相接，两头儿点清水粘在一起，捏结实了。左手中指食指并起来一挡，右手顺势再一盘，让四根坯条儿交错着撑开了。手拿着粘起来的那头儿，在油锅里左右漂动。动作要轻，小心烫手。就这么来回涮上几下子，见颜色略微发黄，顺势放躺在锅里，等它定型。入锅时间不必太长，只要看见两面都变成金黄色就可以出锅。控净油水，就成了环环相套的一朵四瓣莲花。掰下一根嘎嘣脆，嚼着惊动十里人。寒食节里虽然吃不上热的，能有这般"入口即碎，脆如凌雪"的美味，也就不会觉得心里没着没落儿了。

寒食节刚过，就是清明。清明这天或扫墓，或踏青，人们总会出城走走。从前城外饭铺儿少，出门得带上些干粮。寒食节预备下的吃食也就派上了用场。要是再想丰盛些，还可以买回几样儿好带的小吃。这就有了所谓"寒食十三绝"之说。

这说的"绝"并不意味着绝技，只是表示精巧、好吃。同时又与"节"谐音。至于为什么是"十三"？有一种说法是十全十美再加上福、禄、寿的意思。现代人受西方影响，不大喜欢"十三"。其实从前人们觉得十三是个挺吉利的数字。

"十三绝"具体是些什么？有好几种说法，大同小异。不过都得能凉着吃，好拿好放，吃的时候还不用配作料。除了刚才说的馓子、麻花儿，像芝麻烧饼、螺丝转儿、糖耳朵、糖火烧、萨其马、蛤蟆吐蜜、驴打滚儿等等这些现在还能见着的，还有现在见不着的焖炉烧饼、叉子火烧、麻酱烧饼，硬面儿饽饽偶然还有，但是少，一般人也不太喜欢吃。

简单地说，硬面饽饽就是把蒸熟的袖珍饧面馒头再放进炉子里烘干水分。这种饽饽瓷实，厚重，又干又韧，特别适合磨牙。掰下一小块越嚼越带劲儿，越嚼越甘甜。从前那些熬夜打牌的离不开这口儿。

您还记得曹禺先生的话剧《日出》结尾吗？深夜之中，万籁俱寂，孤苦老人一声声"硬面儿——饽饽，硬面儿——饽饽"的叫卖声幽远入耳。其声凄凉，动人心魄。那声音恐怕只存在于舞台上了。

四季吃花儿

我曾经认识一位海归广州小妹，独自一人来京城谋求一份比广州薪水低得多的差事，我问她为什么？她的回答挺让我纳闷儿："因为你们北京能看得见花儿呀！"

"广州的花儿不是比北京多吗？一年四季一抬眼，到处都是花花草草。北京能有几盆花儿呀？"

"不是这样的。在北京能看到花开花落，能感受到四季的变化。广州一年都那样，没什么变化……"

却原来，北京的魅力在于花开花落，四季流转。

说来也蹊跷，或许正因为缺才更觉得稀罕？北京没什么花儿，可喜欢找乐呵的北京人偏偏上上下下都喜欢养花儿。

院子里能栽花儿的季节就栽院子里，像春天的海棠，夏天的石榴。月季花更是少不了的，一年里能开上七八次。院子里栽不了的时候就栽在花盆里搬进屋，比如深秋里娇艳的菊花和俏式的蟹爪兰。甚至可以把花栽在盘子里摆放在案头上，像隆冬里淡雅的水仙。即便是穷苦人家，也还可以用萝卜、白菜切下来的根子培养出一簇花景儿，给贫寒的日子带来一丝希望。

北京人不光喜欢看花儿，还讲究吃花儿。不光是繁花似锦的夏秋之季吃花儿，即便是冰雪初融的早春和落木萧瑟的隆冬也依然可以吃上花儿。

春天刚到，京城里的花儿还不很多。赏花最好的去处恐怕要数颐和园了。早春的昆明湖畔，杨柳枝头荡漾起一片绿雾，微风捎带着暖意掠过湖水吹进万寿山下的长廊，清馨里裹着泥土的气味儿。您沿着长廊移步易景，不多时就来到了乐寿堂。殿后院落里那几棵玉兰树相传是当初乾隆皇帝亲手栽的，但见满树琼花摇曳，虽只是素净的白，却绽放出动人的美，而且飘散着醉人的香，正应了"霓裳羽衣静闹春"的诗句。

这琼花可以入眼，也可以入肴。按照听鹂馆里的师傅讲，慈禧因为乳名里有个"兰"字，所以格外喜欢这羊脂似的白玉兰，不仅爱看，而且还别出心裁让寿膳房做成菜给她品尝。于是就有了这道宫廷甜品——酥炸玉兰。

挑选蓓蕾初绽的白玉兰，摘下十几片滑润的花瓣儿，洗净了，薄薄掸上层过了细罗的棒子面，再裹上用精面和小苏打调好的糊，下到温油里炸。眼见着花瓣儿先是慢慢沉下锅底，不多时，又一片一片飘飘悠悠浮出油面儿。恰好变得淡黄酥嫩之时，赶紧用漏勺轻轻捞出来，沥净油水，可千万别碰残了花瓣儿，在豆青的平盘里拼放成一朵盛开的玉兰。把胡萝卜切成梳子刀，用开水稍微一烫，直烫得黄嫩鲜艳，往花心处摆成一簇花蕊。再选鲜嫩的黄瓜旋下外表那层绿皮，雕刻成片片叶子衬托在花瓣儿周围。这还没完，接下来是点睛之笔，把冰糖碾成细粉掸在花瓣儿上。冷眼一瞧，那就是点点晶莹的露珠洒落在上面。一道酥炸玉兰简直就是一件工艺品。还未动筷子，已然满口满心春意盎然。

当然，这花儿不光是给眼睛看的，终究还是要用嘴吃的。用筷子夹起一片轻轻一咬，糖粉沙沙沥沥如碎冰，面壳迎牙而裂，焦脆酥香，包裹其中的花瓣儿已经变得清甜滑嫩。经外面热油一熏，气囊早已撑起一包幽香，咬破的瞬间散发出来，怎不让人香入脑髓？

玉兰本是皇家园林里的名贵花木，酥炸玉兰更是难得一见的讲究菜。原本民间并不多见。好在近些年玉兰栽得多了，昔日红墙里的皇亲国戚才有资格吃到的宫廷菜也走进了寻常百姓家。春天的时候，有的餐厅也开始仿制这道菜，满足了不少人的好奇心。

酥炸玉兰虽是素菜，可油水大。现代人提倡少油少糖，若是想尝清香的玉兰怎么办呢？有办法。把刚刚散落在地上的白玉兰捡回来，漂洗干净，用开水略微一焯，沥干水分放进玻璃瓶子里，一层花瓣儿一层糖，腌上一天一宿，第二天清早起来就可以享受鲜甜的腌玉兰了。吃上一瓣儿，连鼻子里呼出的气息都觉得是清香的。当然了，还可以焯过之后拌上橄榄油撒上精盐，那又是别有一番滋味在心头。不管怎么吃，总之吃得朴素，吃得随性。还要顺便说一句，只有白色的玉兰才可以入口。紫玉兰最好别吃，据说有毒性。

北京人吃花儿，不只在春天。进了农历五月，槐树花儿一嘟噜一串点缀着胡同两旁高高的刺槐，雪白的小花儿娇黄的蕊，像是一串串白葡萄，熏得满胡同的空气都透着清甜。据说老辈子有人在自家房顶养蜂专门采这槐花蜜的，我倒是没见着。我见过的是淘气的孩子们举起带铁丝钩子的长杆扯下串串槐花儿，直接撸下一大把放进嘴里大嚼特嚼，眉宇间透着很是享受。并不为解馋，就为吃着玩儿。

胡同里的槐花儿最茂盛的时候，吃不了的槐花还可以抱回家去淘洗净了，掺上干面粉上笼屉蒸成粉蒸槐花儿。蒸熟的槐花儿疙瘩儿噜苏的像是一窝小粉球儿，什么都不用加，就那么直接当点心吃，嚼到嘴里满口香甜。有人口重，拌上葱花儿、精盐，简直就可以当一顿正餐了。要是再多，甚至可以烙上一顿糊塌子，足够一家人享用的。

京城里的文化人自然也不会错过吃花儿的口福，而且要吃得风雅，吃出情趣。就在城里尽飘槐花儿雪的时候，他们会结伴出城奔了妙峰山，采回成筐的玫瑰糗玫瑰酱，烤玫瑰饼，甚至酿出嫣红晶莹的玫瑰酒。那可是入秋以后涮菊花儿火锅的最佳搭档。

文化人喜欢菊花儿，特别是那种端庄大气、洁白如雪的白菊，不但可以观赏，还可以撕下条条花羽，配上鸡脯、鱼肉、冬菇和炸酥的粉丝用煨好的鲜汤涮着吃。这高雅的菜品充满吟味儿，或许能让食者体味出"采菊东篱下，悠然见南山"的感觉吧？

的确，北京的秋天最有味道。不过大妈、大婶儿们可没那么风雅。"当一叶报秋之初，乃韭花逞味之始"。刚一入秋，她们就实实在在想到一家子人冬天的日子。在为过冬做的各项准备之中必会买回一盆韭菜花儿，用石臼捣烂如泥撒上盐和花椒腌起来存着，讲究的人家还会放进姜汁或是鸭梨榨的汁。这就是北京人冬天离不了的韭菜花儿酱。

　　韭菜花儿酱，甚至可以直接叫成韭菜花儿。论真了说，自己家里做得比那些酱菜店卖的要好得多。颜色是可人的草绿，而不是乌涂的土绿。味道不会咸得齁嗓子，还能明显吃出韭菜的鲜香。涮羊肉它自然是缺不了的小料，还可以用来氽白肉。即便是单盛出一小碟儿点上几滴香油，那也是一道压桌的小菜，可以拌面吃，可以抹窝头。那草绿的膏酱儿带着些辛辣芳香走串，给肃杀的寒冬带来几许趣味，几许生机。

北京闷热的三伏天里，人们的心里热得发躁，能吃上碗凉爽清香的芝麻酱面，怎能不说是一大享受？

谁也不是吃素的

　　北京城的老爷们儿闹脾气吵架的时候，常挂在嘴边儿的一句话叫作："谁也不是吃素的！"这句话的潜台词就是在说："爷们儿我可是吃肉的，所以，爷们儿我可不是好欺负的！"

　　什么叫"吃肉的"？吃的又是什么"肉"？吃了这肉怎么底气就这么足？这并不是因为吃了肉有力气，能撸胳膊挽袖子动粗，而是另有一番道理。

　　北京人所说的"吃肉"，不是指炒菜里放的肉丝、肉片儿，也不指吃烤鸭或者涮羊肉之类的肉，而是在特指吃"白煮肉"。白煮肉就是用白水煮熟了的猪肉，也可以直接叫作"白肉"。别看这白煮肉听起来透着些粗鲁，吃起来显得质朴，但这道菜可实实在在的是从紫禁城里传出来的。

据说，当初满族人进关之前，就有凡打胜仗宴请八旗子弟吃白煮肉的传统。而且，满族人阴历六月二十六祭关老爷，冬至时候祭天、祭祖也都要用白煮肉。祭奠仪式过后，那撤下的白肉自然也是"心到神知，上供人吃"——还是供人享用了。那时候的白煮肉可真是名副其实的白水煮肉，就是把大块的猪肉放在白水里煮得略微熟了但还没熟透的地步就捞出，不加任何作料直接吃。

后来，顺治进了北京，坐了天下，无论皇上还是王公大臣，吃得都比从前精细多了。但是，为了表示不忘祖宗的传统，皇上特意在坤宁宫里添置了两口大锅，专门做白煮肉，赏赐王公贵戚和文武大臣们。您要是现在去故宫博物院参观，透过坤宁宫东面的玻璃窗还能看见这两口大锅。

不过，御宴上吃的白煮肉起了个好听的名字，叫"晶饭"。晶饭的吃法依旧是把整块的猪肉放在锅里煮，然后直接把煮好的大块猪肉放在一个木制的大红朱漆肉槽子里端上来。那整块肉端上来可怎么个吃法呢？

按照满族的习俗，那时候官员们的裤腰带上都拴着一套所谓"活计"，包括切割用的鞘刀、点火用的火镰、擦汗用的手帕，还有荷包等等小物件儿。大臣们谢恩之后，就从自己身上的这套"活计"里取下鞘刀，把肉切成大薄片子放在碗里，不加任何作料。用筷子夹着吃。更有意思的是，吃白煮肉用的碗筷不是普通的碗筷，而是特意用东北产的桦树根做成的。

然而时过境迁，生活环境和生活方式改变了，人的口味和饮食习惯也就改变了。对于已经渐渐改变了传统饮食习惯，每天锦衣玉食，山珍海味吃惯了的王公大臣们来说，这无滋无味的肉可着实是有点儿咽不下去喽！可又没人敢给皇上提意见，这真是一件尴尬事。

后来，也不知是哪位聪明人想出了个好主意：用特别纯净的上等酱油浸泡出一种"油纸"，赴宴的时候带在身上。酱油的质量越好，颜色越淡。用上等酱油浸过的油纸几乎看不出来。白煮肉端上来以后，吃肉的王公大臣掏出这张油纸假装擦擦刀和碗，热腾腾的肉一沾那浸润了酱油的纸，就等于给肉蘸上了鲜美的酱油，吃起来自然顺口多了。

当然，吃白煮肉不只是在皇宫里，清朝各个王府里的王公贵戚们也都是这个传统。而且，王府祭祀用过的肉，吃不完还赏给王府里的下人。一来二去的，这白煮肉的吃法就传到了民间。要不怎么说"谁也不是吃素的"呢？因为能吃上白煮肉，就意味着好歹能和王公贵族、上层社会沾上点边儿。俗话说"背靠大树好乘凉"，那自然是不好欺负的了。

主导餐饮潮流的，从来都是既有钱又有闲的人。具体到北京来说，就是贵族、官宦和文化人。而北京的普通百姓，很大一部分是为王公贵戚和各衙门提供各种服务的人。所以北京人无论贵贱，即使是个更夫或者送菜的，也或多或少能和哪个王府或衙门沾上些瓜葛，这也算是京城人际关系的一大特色。王府里的一个小差役，尽管拿钱不多，但见过的场面乃至社会影响力也远远在一个暴发户儿或土财主之上。王府里的白煮肉，就是通过更夫传到民间的。

相传到了乾隆年间，有个和乾隆爷的长子定亲王的王府沾点儿关系的更夫，就在当时王府云集的缸瓦市义达里附近开了一家叫和顺居的馆子。这家馆子专门用一只锅口有四尺长的特大砂锅煮白肉卖。由于这家馆子对白煮肉的传统加工工艺进行了改良，口味更适合大众，生意特别兴隆，不仅一般食客喜欢光顾，也受到了来各王府办事的大臣们的青睐。人都有好奇心。谁不想尝尝王府里的吃食是什么味儿的呢？

一来二去，食客们忘记了和顺居的店名，而是约定俗成把它喊成"砂锅居"了。这家馆子呢，也着实沾了王府的牛气，每天只用一头猪，中午之前卖完了就摘掉幌子歇业。于是，北京城多了一句歇后语："砂锅居的幌子——过午不候。"谁承想歪打正着，越是这么个卖法越勾引起人们的好奇心，生怕去晚了买不着似的。结果这买卖是越做越红火。

到了嘉庆年间，砂锅居买卖兴隆，盛况空前。北京的文人是从来不会错过美味的，不知哪位文人墨客吃舒服了，一高兴，还留下了"缸瓦市中吃白肉，日头才出已云迟"的诗句。砂锅居也因为这道菜成为有名的"北京八大居"之一，一直传到今天。从那时候起，北京老百姓也渐渐地在自己家里做开了白煮肉。就么着，这道本来是满族的传统菜，也就演变成了地道的北京名吃。

保留传统的做法，味道未必就是最佳的。民间白煮肉在做法、吃法上比起清宫里的方式有了很大的改进，更适应大众口味。老百姓家里的做法一般是把带皮的五花肉洗干净了切成大块儿，肉皮朝上放进大铁锅里，加上花椒、大料、桂皮、葱、姜等等调料，再倒上水煮。注意，调料里是不放盐和酱油的，水要没过肉。煮的时候要先用大火烧开了，再转为文火慢煮一个多钟头，煮的过程中，汤始终要保持着微微沸腾的状态，不能翻动，也不能添水。正如大文豪苏东坡在他的《猪肉颂》里所说："待他自熟莫催他，火候足时他自美。"

白煮肉不能煮烂，就煮到九成熟，用筷子一戳能穿透，用手能捏得动肉皮，就可以了。为什么不能煮烂了呢？道理是猪肉煮烂了脂肪就化了，切起来容易碎，没形儿不说，吃到嘴里也没了弹性和韧性。这是做白煮肉的一个窍门儿。

做白煮肉的另一个窍门儿是肉切得宜大不宜小。因为如果肉切小了，肉里的鲜味儿就会大量溶解到汤里，而肉本身的味道就大大降低了。反之，肉切得大，鲜味儿流失少，吃起来味道才更真切，嫩而不烂、薄而不碎的白煮肉才能体现简单质朴、醇厚地道的境界。

肉煮好了，捞出来沥干水分，晾凉了皮，把肉皮刮净后切成薄得能透光亮的大片儿码放在盘子里，蘸着用蒜泥、葱花儿、酱油、辣椒油、香油勾兑成的调料汁儿，就可以大快朵颐了。

一种典型的吃食总是和人的一种性格相关。白煮肉这种典型的满族吃食，从粗犷到精细也正体现了好这口儿的人们性格变化的历程。不过尽管口味变了，但那质朴、纯美的本质并没有变。北京人骨子里有一种率直粗豪的性情，正所谓"燕赵之地自古多悲歌慷慨之士"。因为上自辽、金、元，下到清，北京人在相当长的历史时期都受到北方尚武民族的深刻影响。所以在饮食上，即使是宫廷菜和官府菜，精致形式的背后也都有着率直豪放的影子——肉是大块的，口味是纯正的。

好这一口儿的人也并不都是粗俗的人。根据季羡林先生在《遥远的回忆》一文中的记述，当年老舍先生做东，宴请季先生等文人雅士品尝地道的北京饭，选的正是砂锅居的白煮肉。简单质朴的白煮肉，令大学者季羡林先生毕生难忘。也难怪，一个追求人生真谛的人，往往也是热爱美食的人，吃本身也是充满人间烟火的学问。

吃白煮肉的最佳季节应该是在初夏。北京童谣里就唱道"打花巴掌儿呔，六月六，老太太爱吃煮白肉"。因为，会吃的人讲究"冬不白煮，夏不熬"。吃，讲究个时令。而且按照中医的说法，猪肉是凉性的，白煮了以后特别适合在初夏食用，"不时不食"嘛。另外，也应了阴历六月二十六祭关老爷的典故。

要在冬天，按白煮肉的做法把肉煮好了切成片儿，然后整齐地放在小砂锅里，再用煮肉的汤和酸菜、粉丝、海米、口蘑一起小火慢煨，就变成了另一道名菜"砂锅白肉"了。砂锅白肉荤素相兼，汁浓味厚，入口滚烫。吃的时候还要蘸上用韭菜花儿、酱油、酱豆腐、香醋、辣椒油调成的碗底儿，再就上一个现烤的芝麻烧饼，那可是冬天里的一大享受呀！

现在的砂锅居还在缸瓦市的老地方，只不过不知从什么时候起菜单上没有了白煮肉，而是不分季节都换成了这道砂锅白肉。

夏天离不开的芝麻酱

芝麻酱，作为一种调味小料，很多地方的人都喜欢吃。不过对于北京人来说，它还有更为特殊的含义。在三伏天里，芝麻酱绝不是可有可无的调味品，而是人们的生活必需品。

"北京人夏天离不开芝麻酱！"这句话摘自老舍先生当年作为北京市人民代表的正式提案。那年，北京的芝麻酱缺货，老舍先生心里急呀！他懂北京人，懂得芝麻酱面就是炎炎夏日里北京人的命。于是，老舍先生特意呼吁"希望政府解决芝麻酱的供应问题"。没过多久，北京大小胡同儿的槐树荫底下，就又能见到从油盐店捧着小碗出来的孩子，一边小心谨慎地走，一边伸出小舌头去舔那碗里香喷喷的芝麻酱，然后美滋滋地咂咂嘴，诡秘地笑着跑回自家院子。

即使在经济短缺时代，北京人的副食本上也有"芝麻酱"这一页。北京闷热的三伏天里，人们的心里热得发躁，能吃上碗凉爽清香的芝麻酱面，怎能不说是一大享受？不过，那时也许很少有人知道，这二两芝麻酱就是一位人民艺术家为北京人所谋的实实在在的幸福呀！

所谓"头伏饺子二伏面"，北京人夏天最主要的吃食就是芝麻酱面。二伏的面最香。因为唯有这个时节才能吃上充满了麦香的新麦子磨的面。吃芝麻酱面所用的面条儿，最地道的当然是用手抻面，其次是小刀切面。这一点和吃另几种北京特色面条儿——打卤面、氽儿面、炸酱面并没有多大区别，区别仅仅在于芝麻酱面是要过凉水的。热得发狂的三伏天，一碗过水面下肚，多舒服！如果是我吃，一般要过三遍水，吃起来才爽快。

就先说说这抻面吧。如果您有幸能看到传统的北京抻面，那肯定会觉得是一种莫大的视觉享受。从观赏性上说，抻面的手艺比现在满大街拉面馆子里的拉面要好看多了。不过现在会这一手儿的人是越来越少，而且大街上也似乎没见哪家馆子敢挑出"北京抻面"的招牌。

抻面是门精致的手艺，这首先就表现在和面上。那可不是把面和上水揉成面团儿这么简单的事，那样和出的面是没法儿抻的。抻面用的面必须是先和出一块比较硬的面，然后一点一点地往面里扎水，同时使劲揉。什么时候感觉那面不再黏手，用手轻轻一按就可以出个小坑了，才算和好。

和好的面还要醒上个把钟头才能用。一块面放在面板上先揉成长条儿，再用双手拎起来抖长了，之后把抖长了的这条子粗面对折成两股，滴溜溜地转成麻花儿似的，这叫"套扣"。抻成四股，对折，再悠起来套扣后抻成八股，八股再对折套扣……每套一次扣，面条儿根数翻一倍，最后抻成256股。抻面的过程中还要时不时地把这几股面在撒上干面粉的面板上使劲地摔。抻面的过程表面看上去眼花缭乱得像杂技，但实质上必须有条不紊如行云流水，连贯流畅。不但是技术活儿，更是一种艺术创造。不一会儿，一块面团儿就成大姑娘的辫子，大股里有小股，小股里是银丝——干净利落，一丝不乱。

一般人家儿吃抻面，最多套八次扣也就足够细了。并不是手艺超不过这个数儿，而是因为过了八扣抻出的面已经相当之细，如果面太细了，还没等煮熟就已经溶化了。超过八扣的面儿，一般只能用来烤了做点心。我曾经亲眼看到一位师傅套到了十三扣，把面抻出了八千多根儿，而且没有一根断节。那真是远看宛如瀑布，近瞧细如发丝。如果用手背轻轻抚摸，那感觉如丝绸一样爽滑。最绝的是，抻到这个份儿上的面条儿严格地讲已经不是面条儿，而应该叫作面丝，其丝之细甚至已经抻干了面里的水分，拿起一丝用火柴一点，竟然能够燃烧。不过，面抻到这个份儿上已经不是为了吃，而仅仅是一种高深功夫的展示。毕竟，吃也是一种行为艺术。

面抻好了，下锅两个开儿，就成了筋道滑溜的一窝丝。一般来说，一块面能煮出个七八碗，足够一大家子人吃的。

除了抻面，切面同样是北京人的长项，这大概也是像北京菜一样深受鲁菜的影响。和切面的面，面里要加一点点盐，这样切出来的面不爱断。先是用一条三尺长的擀面杖在撒上干面粉的面板上把醒好的面均匀擀成一张大大的饼。再用一个小布袋装上淀粉薄薄地掸在大饼上，然后，把这张大面饼一层一层松松地卷在擀面杖上，用双手轻轻压住擀面杖，一边擀一边有节奏地向两头捋。越擀那面饼就越薄，越擀那面卷儿的层数也就越多。这个动作要非常协调，不然擀出的面就不匀溜儿了。面擀到一个钢镚儿厚的时候，轻轻地打开面卷儿，折叠一层，掸一层淀粉；再折叠一层，再掸一层淀粉。不一会儿，整张薄薄的面卷儿就被整整齐齐地折叠成三尺来长、三寸来宽的宽带子了。之后，用刀横着切成细细的丝，再掸上淀粉兜揽开，面就算切好了。

现在有些北京面馆儿里的手擀面大体是这么做的。只可惜面擀的工夫短了点儿，面条儿切得粗了点儿，吃起来感觉差了点儿。而且不知什么时候开始的，一边擀一边往上撒棒子面，那面汤快赶上棒子面粥了，真是弄巧成拙。

吃芝麻酱面的主要调料当然是芝麻酱。不过，这芝麻酱可不是买回来就能用的，得要先用水澥开。所谓"澥"就是把买来的那种芝麻酱抁出两三勺放在一个小碗里，加上一勺盐，然后一边用筷子搅拌均匀一边逐步往里加凉开水。注意，搅拌的时候筷子要朝一个方向转，只有这样，芝麻酱才会和水充分交融。过不多会儿，巧克力色的稠芝麻酱变成棕黄色的稀浆，到用筷子挑不起来的程度，就算澥得了。

澥得了芝麻酱还远远没完成吃芝麻酱面的准备工作。因为吃芝麻酱面不只是放芝麻酱就成的，还必须要加一系列的调料和面码儿。现在很多餐厅的所谓芝麻酱面里除了齁咸的芝麻酱，就给些黄瓜丝，吃起来无滋无味的，实在是不敢恭维，还美其名曰："老北京风味"？在我看来这简直是在辱没北京的名声。大厨讲究小料儿不全不做，会吃的人讲究小料儿不全不吃，所以我建议您，这种面最好别吃。

小料儿里葱花儿酱油是必不可少的调料。地道的做法是这样：先在一个小碗里倒上多半碗上好的酱油，切一些葱花儿撒在酱油上。然后再炸花椒油。花椒当然是选用门头沟斋堂镇产的花椒，那吃起来才色正味实，又麻又香。要是用四川做泡菜的那种就有些麻嘴了。

用一个小铁勺倒进点儿花生油或者豆油，小火慢炸，眼看着那花椒粒炸得焦煳，油冒青烟了，立刻把这勺带着焦煳花椒的热油砸在小碗里的葱花儿酱油上，香味儿马上就蹿出来了。有人用香油炸花椒油，不过我觉得香油一烧热，那香气就挥发了，倒不如吃的时候直接点上几滴感觉更好。

吃芝麻酱面还有一味必不可少的调料——芥末酱。这种芥末酱可不是从超市买回的日本辣根，而是过去那种黄芥末。芥末酱最好是用芥末面儿自己焖。现在好多人不会这手儿，其实也没什么难的。就是把一点儿芥末面儿放上一点点水，在一个小碗里和成稠糊，然后倒扣在热锅盖上，没多会儿，那芥末的辣味儿就蹿出来了。北京的伏天让人憋闷，吃上一碗透心儿凉，拌着芥末的芝麻酱面，那股蹿鼻子的辣劲儿能直冲上脑门子，再打两个喷嚏，开窍提神，人也一下振奋起来了，那叫一个舒坦！

除了芥末，醋也是必不可缺的，而且要适当多加，所谓"夏多酸"嘛，夏天多吃些酸是有好处的。不过，可不是什么醋都适合吃芝麻酱面。吃芝麻酱面用的醋必须是米醋。因为米醋味儿薄，吃着杀口，最适合夏天吃凉面。这一点和吃炸酱面或氽儿面不同，秋冬季节吃炸酱面最好是用陈醋，因为陈醋厚重，吃起来香，而吃氽儿面最好选熏醋，熏醋的焦煳味儿可以更加突显羊肉的鲜美。而吃打卤面最好不放醋，因为一放了醋，就吃不出面卤本来的鲜味儿了。

至于吃芝麻酱面的面码儿，黄瓜丝属于最基本的。除了黄瓜丝，还应该有小水萝卜丝和切成末儿的青蒜。另外，还应该加上点儿腌香椿末儿。最地道的腌香椿应该选用紫色的那种，而不是绿色的。绿色的其实不是香椿，而叫菜椿，远

82

没有紫色的香味儿足实。除了这些，还可以再加上些胡萝卜丝和开水焯过的豆芽儿菜。

至于大蒜，最朴实的吃法就是咬整瓣儿的，唯有这样才过瘾。不过对于南方的朋友可能受用不起了。

最后，再说说餐具。吃芝麻酱面最有情趣的餐具并不是碗，而是半个西瓜皮。就是一个西瓜拦腰切成两瓣儿，把瓜瓤吃了，剩下来的那半个西瓜皮。在季鸟儿的鸣叫声中一边扇着大蒲扇，一边捧着冰凉的西瓜皮吃上一顿过了三回水的芝麻酱面，那感觉才像杜甫诗里说的"经齿冷于雪"，从心里往外清凉，闷在心里的燥热也就消去一大半了。

当然，伏天里北京人芝麻酱的吃法并不仅仅是吃芝麻酱面，另一种很普遍的吃法就是喝"蛤蟆骨朵儿"。所谓蛤蟆骨朵儿是一种凉粉儿。和别处的凉粉儿不同的是这种凉粉儿的形状，它并不是整齐的块儿或者条儿，而是像一个个半透明的小蝌蚪。北京人管吃这种凉粉儿并不叫"吃"，准确地应称作"喝"。因为一大碗凉粉儿里其实大部分是凉开水，喝的时候浇上澥开的芝麻酱、酱油、花椒油、辣椒油，再撒上黄瓜丝、胡萝卜丝和腌香椿末儿，当然，必不可少的还是米醋。说起这醋来还有句俗话，叫作："卖凉粉儿的醋——管凉不管酸。"喝这种凉粉儿也不用勺，就端起碗来呼噜噜地喝，那滑嫩的蛤蟆骨朵儿也就咕噜噜地下肚儿，有点儿酸，有点儿辣，最主要的是凉，凉得痛快，凉得透彻。

想要感受吃的快意，其实并不需要多贵的菜，而只需要一种生活情趣和真诚的态度。

吃的就是个顺溜儿

北京人说"吃面"的"面"，指的并不是馒头、烙饼之类面食的统称，而是特指煮面条儿。过去北京的百姓人家儿只要家境过得去，一年能有半年的饭吃的就是煮面条儿。这一来是因为面条儿吃起来方便———一碗面端起来，连菜带饭都有了。要是炸酱面就更方便了，一次炸出一小盆儿酱，一家人可以连吃好几天。这二来嘛，是因为面条儿吃起来滋润，咽下去顺溜儿。

要说北京人吃的面，现在好像都知道有个炸酱面，以至于满大街到处都是所谓老北京炸酱面馆子，至于这些面馆子里的面是否地道，就另当别论了。其实，北京人吃的面远不

止这一种，除了夏天吃的芝麻酱面以外，还有各式各样的
氽儿面、卤面以及所谓"人生三面"的打卤面等等。不过既
然现在炸酱面这么热，就先说说，倒也无妨。

　　说炸酱面首先要说的当然是酱。您可千万别以为酱是不
登大雅之堂的平民粗食。

　　当初努尔哈赤曾经大力倡导"以酱代菜"来强化军队给
养。酱是咸的，保证了盐分的摄取，况且又比直接携带咸盐
方便多了；酱是鲜的，吃起来引人食欲，可以直接蘸菜抹
饼；酱是大豆酿的，还有丰富的植物蛋白，真是一举多得。
清朝入关以后，把这个习俗也带进了紫禁城，以至于清代宫
廷里每席饭都离不开生菜蘸生酱。

　　当然，"食不厌精"，大凡吃的东西都是越发展越精致。
到了晚清，御膳上吃的酱早已不再是生酱，而向着精细化、
系列化发展，并且是四季分明——春日里上的是"炒黄瓜
酱"，伏天吃的是"炒豌豆酱"，立秋以后有"炒胡萝卜酱"，
到了冬天则是更讲究的"炒榛子酱"，这就是所谓"宫廷四
大酱"。不过这些酱可不是拌面吃的，而是当压桌小菜上的。
至于这些酱和孔老夫子所说的"不得其酱不食"有没有什么
联系，我没有考证过。

宫廷的饮食风尚总是直接或间接地影响着民间。作为皇城子民的北京人自然也善于吃酱，并且发展成了京城名吃——炸酱面，一直流传至今。

老百姓家里最早吃的炸酱面原本就类似于现在的盖浇饭，盛上一大碗面，拌上酱，加上菜，就那么将就着吃，很朴实。不过，将就的吃食同样也可以吃出些讲究来。于是有了关于炸酱面的一些说道。炸酱的质量，取决于原料和手艺。所谓原料，就是买来的生黄酱。这酱有两种，一种是成坨的干酱，一种是所谓的稀黄酱。成坨的干酱买回来后要用好酱油澥开了才能用。要是图方便，直接用稀酱也挺不错。

炸酱的过程说来容易，但炸好了也是个费事的细致活儿。炸酱和炒菜的工艺不同。葱、姜切末儿预备着，但并不焌锅儿。道理在于炒菜的时间短，焌锅儿焌出葱姜的香气，而炸酱的时间相对较长，如果焌了锅儿，葱姜沤在酱里那么长时间，就没了香气而只剩辣了。还有肉丁儿，把五花儿肉切成大肉丁儿，不必太小，因为煸炒以后的肉丁儿会缩小许多。铁锅里放上比炒菜时略微多些的素油，烧到八成热，下肉丁儿炒得变了色，半斤生的稀黄酱倒进锅里，然后改用小火不停地翻炒。这个时候还可以加上些泡好了的黄豆，这样吃起来更有味道。炸酱的时候不用再放盐和酱油，更不能加水，否则炸出来的酱就不会醇香浓厚。要注意的是，在炸的过程中要用铁铲子不停地翻，时间要足够长，但也不是越长越好，否则酱就炸干、炸苦了。那应该怎么掌握火候呢？有个窍门儿，当酱下到锅里后，没多会儿就会把油全吸进去，锅里就见不到明油了。等翻炒到锅里的酱不停地起泡儿，渐渐发亮，用铁铲一划，酱上就出现油道儿，也就是说之前吃进酱里的油又开始吐出来的时候，火候到家了。这时才把葱、姜末儿加进去，再稍微翻炒几下，葱姜的香气一出，立刻起锅。这时候酱里的肉丁儿早已变成了名副其实的酱肉，吃面的时候要是咬上一小块，顿时醇香满口。

炸酱不一定非用黄酱，也可以甜面酱和黄酱各一半儿，炸出的酱甜丝丝的，口感特别好。这种炸法叫两和水儿。既透着鲜甜，又没有黄酱的酱引子味儿。早年间甜面酱比黄酱贵，很多穷苦人家舍不得吃甜面酱，就只能全用黄酱了。日久天长，有的人还以为炸酱不能加甜面酱呢。

其实口味这事是根据条件不断变化的，并不是非得怎么样。就比如现在您炸酱，要是加上一点儿番茄酱，不仅炸出来的酱隐约间有一丝紫红，看上去鲜亮红润，而且吃起来酸甜可口，更是别有一番滋味。

除此之外，还有许多炸酱的变种。比如，有用炒鸡蛋代替肉丁儿的木樨酱，还有茄丁儿炸酱、黄瓜丁儿炸酱等等，在酱里加瘦猪肉、胡萝卜丁儿、白豆腐干丁儿和海米一起炸的胡萝卜酱就很接近于宫廷四大酱中的胡萝卜酱，甚至还可以用里脊丁儿、虾仁儿、玉兰片做成三鲜炸酱，也都各具特色。

酱炸好了，当然要浇到面上拌着吃。北京人吃面除了三伏天要吃过水凉面以外，讲究的是吃"锅挑儿"。这源于北京人对于吃的一个理念：要么吃冰凉的，要么吃滚烫的，温吞的东西味儿不正。所谓"锅挑儿"，就是刚出锅的面挑到碗里浇上调料立刻进嘴。唯有这样，才能充分体现面条儿的利落与顺溜儿。可惜当初皇帝没这份口福——大大小小几十道菜一上，再等尝膳官尝完了，那锅挑儿怕是早坨了。

盛上多半碗锅挑儿，扛上两勺子酱，如果就这么吃，有个不雅的称呼，叫作"光屁股面"，意思是什么面码儿也没有的面。一般来说是不这么吃的。对于善于享受的北京人，在吃上是从不马虎的。只要条件允许，就可以根据季节的不同加上许多样的面码儿，这叫顺四时。比如最基本的：开春儿放小萝卜丝或是小萝卜的嫩缨儿，到了端午放新蒜，伏天的面码儿除了黄瓜丝还有焯过的鲜豌豆，立秋以后放刚下来的水萝卜丝，入冬以后最好吃的面码儿就是焯好的大白菜头切成丝……除了面码儿，面里还要再浇上点儿熏醋，再啃上两瓣爽口的大蒜，就更爽了。原本将就的炸酱面，也吃出了讲究。

一次在大街上一家所谓的炸酱面馆儿里吃面，面端上来，七七八八跟上十来个小碟儿的面码儿，什么黄瓜丝、芹菜末儿、豆芽儿菜、青豆、黄豆、青蒜、豆苗儿、韭菜段儿、水萝卜丝等等一应俱全。说实在的，一般家里没这么多样。不过，还是缺了关键的两样儿：一样儿是腌香椿末儿，加了这个才画龙点睛，面吃起来才更鲜美；还有一样儿更重要的，就是吃炸酱面的时候桌子上还应该备上一碗虾皮汤——用开水把少量的虾米皮在一个小碗里冲成的汤。因为炸酱面特别爱坨，坨了吃起来就感觉糊嘴，一点儿顺溜劲儿都没有了。面吃的就是个顺溜儿，浇上两勺虾皮汤，不但嘴里立刻利落了许多，滋味也更鲜。这一招，看来那些所谓炸酱面馆儿还没学到家。

炸酱面不但好吃，而且省事，因为酱不怕搁。只要保持清洁，别用脏勺子抠，一小盆儿酱放上几天是没问题的。而且，放上一两天后，那酱里肉丁儿的味道反而会更醇，更厚。

说起省事，还有一种比炸酱面更简洁的吃法，也是地道的北京味儿，不过还没见哪个餐厅推出来，这就是虾皮酱油面。

虾皮酱油面的调料首先是一小碗虾皮酱油：放一点儿油在铁锅里，大约烧到七成热，加葱花儿，同时加一小把虾皮，小火慢炒，眼见虾皮变焦、发黄，出了香味儿，关火，让油稍微凉些，再往锅里倒进大约小半碗酱油，顿时烟雾升腾，立刻把烧好了的虾皮酱油倒回小碗里。吃的时候往面条儿上一浇，撒把黄瓜丝，就这么简单。如果想再丰富一点儿，还可以再做一小碗花椒酱油，两样同时上桌儿，吃的时候根据个人口味随意添加。至于这两样为什么不能一起炸，道理很简单，虾皮需要炸的时间短，而花椒需要炸的时间长，这两样东西炸不到一块儿去。再者说，炸花椒油是麻的，有的人爱吃就加得多，有的人不适应就加得少。即使吃得再简单，也能体现出一个人的个性。

如果这么一说，您以为面条儿仅仅是最寻常的家常饭，那可就错了。北京人办大事的时候，这压轴的吃食也仍然是面条儿。

过去，小孩儿出生第三天，必须要举行"洗三"仪式，为的是祝福小孩儿"长命百岁"，其中一项重要的内容就是要请亲戚朋友和街坊吃"洗三面"。成人之后过生日做寿，要吃的是祝寿延年的"长寿面"，这个好像谁都知道。北京人家里有老人过世了，三日后初祭，同样是用面条儿招待悼客，这叫作"接三面"。这三种面合起来就是北京人所说的"人生三面"，对应着人生的三件大事，唯有如此，才能体现出对人生顺顺当当的美好憧憬。本来嘛，自古以来，吃就具有很强烈的仪式感，上自天子，下到百姓，无不如此。不过这"人生三面"一般不是炸酱面，炸酱面再讲究也属于将就的吃法，办大事时要吃"打卤面"。

所谓打卤面，并不是简单的卤面。北京人把不论什么菜做的汤汁勾了芡拌出的面都叫作卤面，可打卤面并不在其列，而是特指按照下面所说的方法做成的卤浇的面。

首先要煮大肉片儿，也就是把猪肉切成了大薄片放在锅里用开水煮。煮肉用的调料可是个关键。俗话说"五味调和百味香"，打出的卤滋味儿怎么样，全靠这调料了。如果仅仅放些家里常用的花椒、大料、桂皮什么的，打出的卤好吃不到哪儿去。中医有句话叫"药食同源"，讲究的调料必须是按照中药的配伍，用道地的饮片调配出来。什么砂仁、白蔻、蔻仁、茴香、丁香、肉桂、甘草等等不下十几味。而且，根据中医的说法，所用内容和配比应该是随着时令节气有所变化的。您不会配没关系，北京很多中药铺都有卖的。不过各家的配比略有区别，所以煮出来肉的味道也有所不同。我比较了多年，觉得珠市口西大街纪晓岚故居边上有一家叫德寿堂的中药店卖的肉料味道最好。原先是一块钱一小包，和抓药一样用小牛皮纸包好。但现在怎么卖，不知道了。用他家的肉料煮出来的肉馥郁悠远，口味纯正。

办大事为什么要吃打卤面？主要因为卤里熬煮的食材——黄花、木耳、口蘑、海米、干贝等等，代表着最基本的山珍海味。那意思是说：瞧，我连山珍海味都给您用上了，我对这件大事是多么看重，对来宾是多么尊敬。

把这象征山珍海味的干货泡发洗净，下进肉汤里熬煮透了，倒进酱油，勾上米汤芡，甩上薄薄的鸡蛋花儿，再浇上一勺现炸的花椒油，卤就算打好了。吃打卤面当然最好是面少卤多，这样吃起来才有滋味儿。吃的时候也不必拌，要是一拌，卤就澥了，就那么喝卤吃面，感觉才舒坦，才顺溜儿。

吃打卤面最好不要放醋，也不再就别的东西，吃的就是卤本身醇厚的原汁原味儿。

当然，现在吃这口儿您不必等到什么特殊的日子，只要您有兴致做，哪天吃都可以，毕竟，社会发展了。

水牛儿，水牛儿

　　您听说过"北京民歌"吗？没有吧！北京人擅长的是戏，而不怎么会唱歌。不过，有一首北京童谣不但有着民歌一样的影响，而且还登上了国际音乐节的大舞台。

　　　　水牛儿，水牛儿，

　　　　先出犄角后出头哎，

　　　　你爹，你妈，

　　　　给你买来烧羊肉。

　　　　你不吃，你不喝，

　　　　就让老猫叼去喽……

北京的夏天，雨水忽停忽落，把胡同里的空气也漂洗得怪清凉的。院门口总能看到三五成群的孩子从湿漉漉的墙根儿底下抓出几个小水牛儿，放在青石台阶上，一边唱着这首儿歌，一边瞪大了双眼，盯着那小水牛儿瞧。不一会儿，那小东西慢慢地探出纤细的犄角，而后拱出娇嫩的小脑袋。忽然，一只小手指头伸了过来，轻轻一碰那犄角尖儿，水牛儿"嗖"的一下，赶紧把头缩了回去。于是，小孩子们拍手呵呵地笑了，跑回院子去等着爸爸买回烧羊肉，妈妈给他们做烧羊肉面吃。

这里要说的不是水牛儿，而是烧羊肉。这可是一道地道的北京名菜。正宗的烧羊肉现在不多见了，只有白魁、月盛斋等为数不多的几家老字号还有得卖。其他的所谓北京风味餐厅里卖的烧羊肉，我总觉得缺点什么。不过，在过去的北京，烧羊肉算不上什么新鲜的吃食，从立夏一直到秋分，几乎每家羊肉铺子都会做了卖。

上等烧羊肉看上去色泽酱红，吃起来皮酥肉嫩，味厚醇香。讲究是吃肥瘦相间的，最好能有些筋头巴脑，那才越吃越有滋味呢！如果只吃瘦的，就柴了，嚼起来像木头渣，没多大意思。

家里是不做烧羊肉的，因为做起来比较麻烦，必须是整块的羊肉下锅，要用大铁锅煮四五个小时。

什么叫美？羊大为美。羊大了怎么就美了？是因为好看吗？恐怕不是，而是因为好吃。《说文解字》上说："美，甘也，从羊从大。羊在六畜主给膳也。"所以吃大块的羊肉就是"美"的本义。过去月盛斋及胸高的柜台上摆放三个大竹屉子，装的都是做得的烧羊肉。柜台后的灶台上，就摆着两口大铁锅，能同时炖百十来斤肉。一般人家可没有那么大的锅。再者说，烧羊肉不但费工而且费料，百十来斤生肉也就能出一半儿成品，一般人家也费不起那事。所以这道美味都是羊肉铺子做，买回家吃。要不小孩子怎么唱"你爹，你妈，给你买来烧羊肉"呢？

烧羊肉的大致做法是这样的：选用不老不嫩、有肥有瘦的羊肉，最好是用羊的前腿儿和腰窝儿——因为这两块肉细嫩不说，而且有筋有油，做出来的肉特别润味儿——配上丁香、砂仁、白芷、甘草、陈皮、口蘑、冰糖、酱油、黄酱等等数十种纯正的小料，在大铁锅里经过吊汤、紧压、码放等等工序之后，把肉煮得酥烂。煮肉的时候还要根据肉的不同部位，用大笊篱小心翼翼来回不停地翻肉，这样才能保证肉炖得均匀。之后，用大笊篱捞出来晾着，凉透了以后再下到温油里炸，炸出酱红色，再切成大片儿装盘儿，撒上芝麻盐儿，就可以上桌吃了。要是能夹上个刚烤得的白马蹄烧饼，香酥的烧饼和醇厚的烧羊肉相得益彰，即使是饭量再小的人，也能吃上俩。道光年间，一本叫《都门杂咏》的书里有一首诗，生动地勾画出烧羊肉的美味——"喂羊肥嫩数京中，酱用清汤色煮红。日午烧来焦且烂，喜无膻味腻喉咙。"烧羊肉的讲究吃法是现炸现吃，外脆里酥，抿上一口，肉烂得能在嘴里化开。和现在超市里作为冷荤卖的那种所谓烧羊肉是两码事。

的确，烧羊肉是老北京一道脍炙人口的美味佳肴。夏日的午后，北京人总会带个碗或瓶子，到羊肉铺去买烧羊肉回家。您可别误会，这碗和瓶子可不是装肉的，肉是切成块儿装在荷叶里包着的。之所以带上碗和瓶子，为的是装一些做烧羊肉的卤汤，回家就可以做过水烧羊肉面了。

记得我小时候，我爸去前门外月盛斋买烧羊肉，还能给上一瓶子汤，现在可是再不给了。那时的烧羊肉远不止纯羊肉一种，除了正经的羊肉以外，还有烧羊脖子、烧羊头、烧羊杂、烧沙肝儿等等，可惜这些东西现在看不着了。

　　提起烧羊肉就不能不说说烧羊肉面，从某种程度上讲，烧羊肉面的知名度甚至超过了烧羊肉本身，以至于很多人以为烧羊肉只是吃面的配菜。烧羊肉面所用的面条儿和别的面条儿并没有不同之处，之所以能自立门户，完全仰仗着烧羊肉的卤汤。别看这汤是烧羊肉的副产品，但却是用多种原辅料经过长时间炮制、萃取，渗透了羊肉的精华和多种调料的馨香，比单独为吃面而做的卤或氽儿自然是醇厚许多了。会吃的人从不糟蹋东西。吃烧羊肉面为的就是喝这烧羊肉的老汤，而且要宽汤，一大碗醇厚的汤面下肚，怎么能不舒坦?

　　烧羊肉汤拌过水面的吃法堪称绝配。据说乾隆年间，有个叫白魁的回族人在东城隆福寺斜对面开了家羊肉铺，专卖生羊肉、烧羊肉、羊杂。后来渐渐发达了，肉铺改饭馆，起名"东广顺"。在"东广顺"的旁边，是一家温姓山西人开的叫"隆盛馆"的小馆子，这家小馆子预备着一排炉灶，专门为食客提供代为热菜的特色服务，所以北京人也管店老板叫"灶温"。温老板有一项拿手绝活儿，能把一块整面抻成一碗细丝，号称京城一绝"一窝丝"。由于温老板手艺高超，抻出的面滑润筋道，入口爽利，来隆福寺赶寺庙会的人大都爱吃他家的抻面。而且，客人还常常从东广顺那儿买了烧羊肉，再浇上羊肉汤端过来拌面吃。特别是在炎热的夏天，四脖子汗流地赶完了庙会，来这儿吃上一碗宽汤过水的烧羊肉面，撒上点儿鲜花椒蕊，就上一根新鲜的生黄瓜，不肥不腻，清香爽口，实在是一大口福。隆福寺庙会在当时是京城四大庙会之一，算得上是最隆重的社会商业活动，所以这庙会上的名吃——烧羊肉面也就传遍了北京四九城。

多年之后，人们忘了"隆盛馆"，只记得"灶温"，而东广顺也被直接叫成了"白魁"。渐渐地，北京老百姓的餐桌上也出现了橙黄透亮、滴滴香浓的老汤浸着的雪白过水面，上面漂着几块酱红的烧羊肉，点缀着嫩绿的香菜。

可惜灶温在上个世纪六十年代以后不知了去向。幸好白魁还在，现在，白魁老号还可以吃到比较正宗的烧羊肉和烧羊肉面，只是饭庄已不在隆福寺这条街上了。

烧羊肉面是北京的大众美食，但爱吃烧羊肉面的可不仅是平民百姓，那位馋嘴的慈禧太后也非常好这一口儿。慈禧为了让月盛斋的人进宫送烧羊肉方便，还特意发给了四块腰牌。每到夏天，太后老佛爷坐着龙船沿长河去颐和园避暑，最惬意的事情就是在船上吃上一碗用月盛斋的烧羊肉做的利利落落的过水面。月盛斋也因为受到太后老佛爷和诸位王公大臣的青睐而出了名，在店堂里特意挂上了"前清御用上等礼品，外省行匣，各界主顾无不赞美，天下驰名"的匾额。据说太后老佛爷坐船在昆明湖纳凉的时候，后面常拴着两条小船，一条是御膳房的，另一条就是月盛斋马家老铺的。

光阴弹指，当初喜好烧羊肉的王公大臣和贩夫走卒都已经随着旧日的北京成为往事。现在的烧羊肉，虽说没有绝迹，但也已没了昔日的风光，只留下那首悠远的童谣，久久地在北京人心头回荡——

水牛儿，水牛儿，

先出犄角后出头哎，

你爹，你妈，

给你买来烧羊肉……

伏天的豆腐，冬天的茶

北京的小吃有个特点，就是讲究口味纯正，泾渭分明。凉的就是冰凉的，最好是带着冰凌子的；热的就是滚烫的，绝不能是温吞的；清淡的就是爽利的，醇厚的就是浓重的，甜的就是甜的，咸的就是咸的……但不知为什么，很多小吃的名称却和本身毫无瓜葛，所以绝不能顾名思义。比如炒肝儿其实并没有用油炒也没多少肝儿；灌肠儿就根本和肠子没什么关系；而驴打滚儿更逗了，和驴八竿子打不着，简直让外地人摸不着头脑。以这"伏天的豆腐"和"冬天的茶"为例，您听听是不是这么回事。

先说说这"伏天的豆腐"。这可不是黄豆做成的豆腐，而是一种盛在小瓷碗里叫杏仁豆腐的饮品。

北京的伏天是燥热的。房顶上的空气里颤动着一股似雾非雾的白气，柏油路被晒得烫人脚底板儿，仿佛就要熔化了似的。在这燥热里行走的人们更是唇焦口干，仿佛舌根和咽喉都粘在了一处。这时候，如果嘴唇凑着那沁凉的小瓷碗，喝上一口晶莹爽滑的冰镇杏仁豆腐，干涩的口腔顿觉甘饴湿润，焦躁的心也顿时得以片刻沉静。

地道的杏仁豆腐当然是用杏仁做的。把一大把生杏仁用开水泡了，轻轻剥了外皮，在清水里漂洗干净。用小石磨研碎，再用纱布包了榨出汁来。之后，把琼脂熔化，加牛奶和冰糖同煮，兑入杏仁汁，开锅后撇去浮沫儿，倒进一个个小瓷碗里晾凉了，就凝结成杏仁豆腐。用刀划成菱形块，倒上桂花冰糖水，就可以入口了。

要注意的是，桂花糖水最好调得略微浓一些，如果太淡了，杏仁豆腐沉在碗底下漂不起来，看上去就没那么漂亮了。浸泡在糖水里的杏仁豆腐半透明，洁白滑润得像一块块琼脂美玉，吃到嘴里舒爽润滑，淡雅清新间有一股杏仁特有的清幽芳香从口腔直冲鼻腔，不由得令人精神一振。拿勺扠一小块水嫩的杏仁豆腐入口，细细品味，还有一丝若隐若现的苦意，正合了"夏多苦"的古训。这真是一种令人心旷神怡的奇妙滋味。

我自己也动手做过杏仁豆腐，只不过是简易版的——把一些琼脂粉在一个搪瓷盆里化开，点上两滴杏仁香精，然后把牛奶烧开了浇上去，过一会儿凝结成块儿状，再浇上桂花糖水，用刀切成菱形块儿。放在冰箱里冰镇一小会儿，吃起来也有那么点儿意思。

现在一些地方卖的杏仁豆腐喜欢点缀些红绿樱桃、葡萄干儿等等干果，大概为的是好看。我倒觉得大可不必。吃，最好就是品尝原料的真味，这样才吃得真诚，吃得实在。而调味，主要是为了去异味，提鲜味，定滋味。但像杏仁豆腐这样本味香气悠长、口味纯正却又很清淡的吃食，稍稍加一些别的，就容易喧宾夺主，遮盖住那份原有的纯美，反而画蛇添足了。

不过话又说回来了，吃无定法，有人喜欢尝试加点儿什么，倒也无妨。

"伏天的豆腐"是清爽的，而"冬天的茶"是醇厚的。

这茶和您沏水喝的茶叶一点关系也没有，而是一种用糜子面做的叫"面茶"的小吃。据说原本这种小吃是小贩推车走街串巷吆喝着卖的，但我不曾见过那样的情景，到我喝面茶的时候就已经是在小吃店里了。

糜子是一种和小米类似的作物，颗粒比小米小，产量也比小米低，种起来费工费肥又费事。别看它小，每个小颗粒都是一个顽强的生命，都具有旺盛的活力。糜子是非常养人的谷物。有一种说法，糜子就是江山社稷的"稷"，代表谷神，我们的祖先把它作为谷中精华来进奉给上天，所以才叫"祭社稷"。这种祭祀是国家最高规格的大礼，进而国家也就被称为"社稷"。北京中山公园的五色土，就是明清两代举行这种仪式的地方，因此也叫社稷坛。

糜子磨成了面吃起来味道要比小米更醇香，口感也更细腻，颜色也更鲜艳。据说，这东西所蕴涵的生命力特别强，所以也特别养人。糜子磨成面，过了很细的罗，成了所谓的飞罗面，就可以熬了。用这种面熬成的略微有点儿稠的面糊糊，看上去黄灿灿的，但喝起来并不粘嘴。不过这面糊糊还不能叫作面茶。把这面糊糊盛在碗里，在上面转着圈儿淋上薄薄一层用香油调稀的芝麻酱汁，然后，再用一个打了孔的旧罐头筒"唰、唰"两下，均匀地撒上芝麻盐，这才称得上是面茶。

面茶就是这样：闻起来是浓香的；喝到嘴里是滚烫的；品上一品，口感是醇厚的；再咂摸咂摸滋味儿，味道是咸鲜的。从前小吃店都是服务员帮您撒好了交给您，现在变了，弄一小盒子芝麻盐，您自助，不过要留神，芝麻盐不能撒多了，尽管讲究"冬多咸"，但盐撒多了喝起来齁嗓子，可就糟蹋东西了。

面茶是典型的冬季吃食。北京的冬天干冷干冷的，水泼在地上马上就能结成冰，西北风掉下来刮在脸上针扎似的疼，人们身上从里到外都渗透着一股寒气。这时要是能来碗滚烫的面茶下肚儿，顿觉一股暖流直通肺腑，不但品味到醇厚的浓香，而且心暖肚饱，把五脏六腑里的寒冷尽皆驱散了，怎不叫人荡气回肠！

北京人喝面茶的方式很特别，讲究是先用筷子顺一个方向把碗里的芝麻酱和面糊糊稍微搅和一下，然后端起碗来托在手里，就那么直接把嘴贴在碗边上吸溜着喝，而且一边吸溜还要一边转悠着碗，唯有这么喝才能充分领略面茶的好处。为什么要这么喝？因为面茶必须是滚烫的，喝下去才能感受到五脏六腑无一处不暖。如果用勺子舀着喝，或是用筷子搅着喝，没过多会儿，碗里的面茶就温吞了。温吞的吃食，在北京人看来是口味不地道，还不如不喝。用嘴吸溜着喝面茶，表面一层虽然凉了，但即使喝到最后，下面的面茶仍然是烫的。而且，这么个喝法，面茶喝完了，碗里是干干净净的，透着那么一股利落劲儿。

面茶是纯正的老北京风味，可不知为什么现在那些新开的所谓老北京风味餐厅有卖豆汁儿的，但却不见有卖面茶的。要想喝这口儿，您只能去那几家老字号的小吃店，什么白魁、地安门、南来顺、护国寺……幸好这些店里还有，不至于让这简单的美味也像大部分北京小吃一样消逝在风里。

记得一个冬天的黄昏，我去护国寺小吃店。店里人很少，我只要了一碗热乎乎的面茶，找了个靠窗的位置坐了，静静地喝了。一缕残阳懒懒地斜洒进屋里，洒在柱子上挂着的张国荣来这里吃小吃时和店员的合影上。张国荣在那里温暖地笑着。隐约间，忽然飘来对面人民剧场的丝竹之声，若隐若现，竟是一曲《夜深沉》……

此味，此景，喝下去的是暖意，浮上来的是伤感。其实，所谓"永远"，也只是值得回味罢了。

酸梅汤，透心儿凉

大热天的，谁不想喝点儿冷饮？凉凉快快咕咚咚下肚儿，那才叫爽。洋味儿的冷饮当然数汽水、可乐。可若论京味儿的，那就得说是老北京的酸梅汤。

早年间京城里有好些个卖酸梅汤的。讲究的有专门的店铺，比方说九龙斋、信远斋、丰盛公、通三益什么的。天刚入伏，这些店铺就挑出"清宫异宝御制酸梅汤"的幌子，摆出盛满酸梅汤的青花大瓷罐，坐在大木盆里用河冰镇上。有客人喝时，把洗净了倒扣在藤筐里的饭碗翻过来一只，麻利地用长把儿舀子满满盛上一碗酸梅汤给您端过来，枣红的颜色，看着就正。您痛痛快快儿喝吧，酸甜香、透心儿凉，喝过之后满口生津，人再也不觉得渴了。再瞧那只空碗里，四周围还挂着一抹油润的残浆，这酸梅汤得熬得多醇厚？

熬酸梅汤的方子据说是乾隆年间从宫里传出来的。到底是谁传出来的，又是怎么传出来的，说法不一。

有说是一个小贩从他当差的亲戚那儿淘换来的，后来在大栅栏摆了个干果摊儿，一到夏景天专门经营供往来客人解暑的酸梅汤。大热天来逛大栅栏的人本来就渴，再加上谁都想尝尝这宫里传出来的新鲜玩意儿，结果是名噪京城。也有说是一位参与编纂《四库全书》的翰林把宫里的方子传给了琉璃厂的一家茶馆，为的是和那些来逛古旧书铺的文化人分享雅趣。总之，酸梅汤原本属于高雅的宫廷饮品。难怪《红楼梦》里贾宝玉挨了他爸一通暴打，刚缓过神儿来就想喝上一碗冰镇酸梅汤。

宫廷饮食就两个结局，一类是由于曲高和寡成为传说，一类是融入民间接上地气。酸梅汤属于幸运的后者，它和很多宫廷饮食一样流入街肆，日久天长，渐渐融进了民间的风土。

酸梅汤不同于汽水。汽水是生产出来的，大伙儿喝的全一个味儿。传到民间的酸梅汤早就没有了标准的配方，只讲一些大概的配伍原则，比如乌梅、山楂、甘草、冰糖属于必不可少的主料，至于像陈皮、茯苓、麦冬、干玫瑰等等配料，您尽可以根据条件和口味随意增减。结果是各家有各家的高招儿，各摊儿有各摊儿的绝活儿，酸梅汤的味道自然也就千差万别了，可以酸一些，也可以甜一些，可以贵一些，也可以贱一些。这么说来，酸梅汤倒是蛮能张扬个性的。

从前有那穿戴利落的小贩推个双轮车子，车上木桶里盛满酸梅汤走街串巷。不过卖这玩意儿的从不吆喝，而是手里擒着"冰盏儿"敲打出声响来招揽生意。这儿说的"冰盏儿"是一对精巧的黄铜小碗摞在一处，用右手拇指和食指夹住上面一个，中指和无名指夹着下面一个，手腕子一抖，两碗相触，敲磕震摇，发出充满节律的响声，"丁零当，嘟嚓哪……"就像一段轻快的小曲儿，告诉人们夏天到了。小孩子们耳朵尖，挺老远就能听见那勾魂的冰盏儿声，必是缠着大人带他买来冰凉的酸梅汤喝了过瘾。

从前推车小贩卖的酸梅汤现在看来未免不太卫生。为了图凉，他们往往是把整块的自然冰砸碎了直接扔到木桶里。体弱的人喝了之后跑肚拉稀是难免的事。

想喝酸梅汤，又不想闹肚子，怎么办呢？自己熬呗！所以过去很多人家入伏之后都会自制酸梅汤。

熬酸梅汤首先离不开梅子。北京不产梅子，北京人熟悉的梅子是中药铺里的乌梅。乌梅按照古书上说，得"以百草烟熏至黑色为乌梅"，听起来蛮诗意的。一般来说做法没那么复杂，就是把南方五月间将熟的青梅采了，用弱火炕焙三天两夜，直到果肉黄褐起皱，再上下翻动，让它干燥均匀，之后继续焖上三天，彻底干透，就变成乌黑如炭的乌梅。

乌梅不甜不咸，就一死酸，而且是带着焦煳味儿的死酸。一般没人直接含在嘴里吃，那会酸倒牙的。乌梅的用法是入药。治久咳不已，咽喉肿痛，等等。与之相对应，用盐腌制晒干之后能直接白嘴儿吃的梅子则都叫白梅，就比如常见的苏式话梅、九制话梅，都属于白梅。

酸梅汤的熬法大同小异，就拿我们家来说吧，熬一回得用一大蒸锅清水，怎么也得有二十斤。您可别觉得多，因为得熬上七八个钟头。熬好了，也就剩下五六斤汤，够一家人喝上一两天。

二十斤清水配一两半的乌梅。乌梅最好用同仁堂的，毕竟是道地药材依古法炮制，味儿正。还得有山楂三两、冰糖三两，这几乎是酸梅汤的标配。干桂花一钱，有了它，闻起来会有幽远的甜香气。甘草两钱，调和诸味。另外，还有一样不太常见的秘料，就是两片冰片糖。

冰片糖是什么？简单说就是把生产冰糖时候剩下的母液经过浓缩、结晶、压制等等工艺制成的长方形糖块儿。看上去很像是长条儿形肥皂，但比肥皂薄，也就一指多厚。要是把它掰开了，可以看出是分三层，上下两层像茶色的蜂蜡，中间是一道白色晶粒形成的砂线。这种糖口味接近于红糖，可又有甘蔗般纯净的清甜。据说它能开窍、提神，而且滋养气血，特别流行于广州、香港一带。那地方不是讲究喝凉茶吗？很多凉茶里都加冰片糖。北方人通常不怎么使，酸梅汤里加了它，味道和功效自是与众不同。

这些原料备齐了，乌梅、山楂洗净了放进一大锅水里猛火烧开，打去浮沫儿，放进冰糖、甘草、冰片糖，再一见开儿，撒上干桂花，改文火慢慢熬呀熬，熬上一宿，直到把乌梅、山楂的味儿彻底熬出来了，剩下的小半锅汤熬成了通透的枣红色，蒸汽里弥漫着桂花的幽香，就算熬好了。等汤自然凉透，用细纱布滤去渣滓，清汤盛搪瓷盆里放进冰箱冰镇，第二天，就可以享受到顺口儿的酸梅汤了。酸甜、清凉不说，而且喉头回甘，让人呼吸就间带着淡淡的桂花香。有了这件法宝，赤日苦夏不再漫长。

老北京消夏纳凉的冷食远不止是酸梅汤。您像用柿饼儿、藕片儿、杏干儿、菱角做的果子干儿，把海棠果煮烂了冰镇的煮海棠，用密云小枣儿加玫瑰露熬制的玫瑰枣儿，还有号称土冰激凌的雪花酪，等等，都曾经让北京的夏季有滋有味。可惜传到今天，大部分已经难得一见。幸好酸梅汤保存了下来，三伏天里，一些甜品店和京味儿餐厅里还能尝上一碗自家熬的酸梅汤。酸梅汤的瓶装饮料也层出不穷，大有标准化、工业化的趋势。尽管失去了一些精致，模糊了一些个性，但毕竟让这种接着地气的清凉饮料得以传承，不能不说是件挺好的事。

您要是放暑假带孩子来北京，逛累了，就喝上一杯消夏解暑的酸梅汤吧！

五月节的痕迹

　　端午节在京城的百姓嘴里并不叫端午节，而是叫成五月节，透着那么亲切。五月节一到，单裤单褂儿上身儿。过不了多长日子，大芭蕉扇上手，夏景天就算来了。

　　早年间五月节这天，家家户户大清早儿都要在门框上插上菖蒲、艾草。这种风俗就是《红楼梦》里说的"蒲艾簪门"。菖蒲、艾草散发出芳香，据说能驱瘟辟邪。有没有那么神不敢说，反正苍蝇、蚊子确实怵它。还有人会并排挂一辫子大蒜，象征着宝剑、鞭子和锤子，感觉简直就是能降妖除魔的三件法器。听老辈子人讲，五月节不是什么好日子，蛇精毒虫都要出来闹腾，所以得弄些器物震慑着。讲究的住户还要在街门中央贴上印着红胡子判官的黄表纸，特意用毛笔蘸上朱砂点红了判官灯泡儿似的圆眼睛，这就叫"朱砂判儿"。瞧那判官横眉立目攥着宝剑的凶狠相，能不能抓鬼不好说，反正吓唬小孩子是不成问题的。

说到小孩子，小孩子在五月节里会有专属于自己的项目，而且还分男女。男孩子是用雄黄在额头上抹出个大大的"王"字，装作老虎。女孩子会用硬纸叠一串正六面体的小"缯子"，外面用五彩丝线整整齐齐缠绕出图案，下面坠上穗子，穿上珠子，滴里嘟噜地挂在胸前，美不唧儿地当饰物。这两个项目在小孩子只是乐呵，在大人的心目中也是为了驱瘟辟邪。孩子，就是大人的眼珠子，总要特别加以呵护才是。

打五月节开始，天气日渐闷热潮湿，各种毒虫活动频繁，人也难免心烦气躁寝食不安，自然容易生出各种疾病。从前人们没什么主意，只好弄些气味儿重的中药材驱赶，于是有了燃艾草、烧菖蒲、涂雄黄等等土办法，日久天长形成风俗。五月节的风俗也就大多围绕着驱瘟辟邪了。后来点心铺里又做出了分别刻着长虫、蜈蚣、蝎子、蜘蛛、癞蛤蟆的五毒饼，五月节前后应季上市，卖得很不错。其实也未必有谁真信吃了五毒饼就能五毒不侵，无非是为讨个吉利罢了。

我小时候讲破除迷信，驱瘟辟邪那套一律消灭，街面儿上也就见不到"蒲艾簪门"的风俗了，当然更没有贴在街门上的判官，甚至点心铺里也取消了五毒饼。老太太给小孙女叠个"缯子"当玩意儿，还得有意无意地背着生人。蒜瓣子倒是还经常见，只不过不再挂在门框上当锤子，而是挂在厨房的墙上坚守着蒜的本分。

那时候能让人感受到五月节痕迹的，似乎只剩下粽子。毕竟五月节还有一层重要的含义，就是纪念民族诗人屈原。

屈原是南方人。南方的粽子品种也特别丰富，糯米自然是少不了的，中间可包的细料就太多了，什么咸肉、火腿、蛋黄、烧鸭、香菇、海米……应有尽有，总的来说口味是咸鲜的，吃的时候讲究趁热儿，因为里头有脂油，放凉了吃难免觉得腻。

肉粽子在北京倒是也有，只是不多见。五月节的时候稻香村、稻香春这样的南货铺子会卖一些，不便宜，文化人偶尔买了当稀罕物送礼用，老百姓一般吃不惯。京城里百姓人家儿习惯的粽子口味只有一种，就是江米小枣儿的。

五月节头一天，家家户户就都开始准备着包了。

包粽子首先要预备好粽叶。南方的粽叶五花八门，除了常见的箬竹叶，还可以用芭蕉叶、甘蔗叶、月桃叶、茭白叶……据说投到江里祭奠屈原用的粽子是把米塞进竹筒里，包上楝树叶，再缠上五彩丝线。那才是汨罗江畔的遗风。

北京的粽叶没那么多样儿，只是用的水塘里疯长的苇叶。从前京城四周水塘很多，而且差不多全长着芦苇。直到今天，北京的地名里光叫"苇子坑"的就有好几处。进了夏景天，水塘里蛙声一片，芦苇茂盛挺实。专门就有小商贩去德胜门外或是朝阳门外的苇子坑劈了苇叶，洗净，捋好，展平，晾干，再叠成一摞一摞的，打成捆儿拿到市上卖，包粽子的时候用起来特顺手，价钱也不贵。也有老少爷们儿自己大老远地去找水塘劈苇叶，主要是图个乐呵。其实新鲜的苇叶直接用并不好使，因为它脆，包粽子容易碎，还略微带些苦涩，再说也未必干净。晾干的苇叶是草绿色的，看着不那么青翠，用之前要先拿热水泡上一阵子，把干叶子泡柔软了，把苦涩漂出去，这样包出的粽子只带着淡淡的清香味儿。

扎粽子的绳也有讲究，最好就用灌渠小道上长出来的马莲。马莲纤细柔韧，用它扎粽子结实不说，黄绿的衣裳浓绿的腰带，看上去透着特般配。马莲和苇叶成龙配套，也是采回来晾干了，使的时候和苇叶一起用水泡开就行。有卖苇叶的必会同时也卖马莲。用白线绳拴粽子属于退而求其次的办法。有的商家图省事，一根线绳能拴一串十个粽子，卖起来倒是挺方便。

京城里的人包粽子讲究用江米。这里说的江米其实就是南方人说的糯米。至于为什么叫成"江米"，我推测也是因为粽子的原因。从前北京人吃江米的机会并不多，主要就每年五月节包几回粽子。而祭奠屈原的粽子是要投到江里去的，所以糯米也就顺理成章叫成了江米。至于是不是这么回事，我没有考据过。

除了江米，偶尔也能见到大黄米的粽子。从前江米贵，大黄米有黏性可价钱要便宜得多，京郊的农民就喜欢用大黄米包粽子，有时候也捎进城里来。大黄米粽子个头儿大，也许放枣儿，也许不放。城里人偶尔吃吃，换换口味，觉得挺新鲜的。但在家里自己包的时候很少见有人用。

北京人吃江米喜欢圆粒的，吃起来比长粒的江米更香甜，更筋道，还不觉得怎么黏牙。五月节的头一天，过了中午就要用大盆把江米淘净泡上。泡透了的江米包出的粽子吃起来才显得水灵。再就是洗出一碗小枣儿预备着。小枣儿最好选密云的，那才叫一个甜。

粽子属于节令食品。和元宵、月饼等等节令食品一样，北京的粽子一改"南甜北咸"的规律，讲究吃甜的。吃法也和南方相反，不是吃热的，而是吃凉的。

包粽子需要手艺，不是谁都能把米包成粽子的。再加上苇叶纤细瘦长，用起来比箬竹叶难，要包漂亮了就更不容易。用苇叶包粽子得三四张重叠像扇面似的打开，讲究的包法还不能卷成个锥子，而是要包成个见棱见角的正四面体，用北京话说那叫"粽子形儿"，看着俏式。包成锥子形的不是没有，可那属于图省事的将就办法，有些寒碜。

我家最会包粽子的是我爸。他不怎么会做饭，可打小儿练就了包粽子的绝活儿。我妈说他手紧，包出的粽子也紧衬，吃起来特筋道。每年五月节，家里包粽子的活儿自然全是我爸的。

五月节头一天晚饭刚过，我爸就会把盛着江米、粽叶、马莲、小枣儿的大、中、小三个盆在屋子中间一拉溜儿排开，外加一口锅放在旁边。自己搬个板凳往中间一坐，跟要举行个仪式似的摆开阵势。还没见粽子，仿佛已经闻到淡淡的粽子香。

但见他左手从水盆抄出三张粽叶甩甩水捻开了，右手捞一把湿米填进去，捡两颗小枣儿往上一镶，变戏法儿似的顺势一叠，一根马莲盘绕扎紧打个活结，就包成了一颗精巧的粽子。四个犄角舒展均匀，看着特精神。顺手扔进锅里，紧接着下一个……一锅粽子没多会儿包得了。别看包得快，个顶个儿的结结实实，拿在手里沉甸甸的，绝没有散的、漏的。

临睡之前，把锅里加足了清水坐在煤火上，开锅之后小火慢咕嘟，一家人闻着粽香入梦。直熬到煤乏了，天亮了，一大锅粽子煮透了，泡在黄绿色的清汤里，粽子是骨力的，汤是透亮的。

煮得的粽子并不能马上吃，而是要晾到中午，晾得温凉了再吃。拉开马莲的活结，剥去粽叶，几颗清白娇俏的粽子放在盘子里，隐约看见镶在里面的小枣儿，跟颗红玛瑙似的。吃的时候蘸足了砂糖。咬上一口，冰凉砂甜，筋道利落，这才是北京粽子的口味。

五月节年年会来。我的爸爸却永远地走了。我再也吃不到爸爸亲手包出的沉甸甸的粽子。那粽子有棱有角，有心有肝，一身清白，半世煎熬，就像他那个人。

　　那是我心目中五月节的痕迹。

　　中秋时节，北京的天是那么高，那么蓝，那么亮，气候不冷不热。北京人提溜着装满自来红、自来白的蒲包儿串亲戚、看朋友，脸上透出礼貌，心里觉着体面。

家传烧茄子

有一道素菜，我特别爱吃，但我在饭馆里只点过一次，就决定再也不在外面吃了。这道菜就是烧茄子。

我从小树立的概念是：烧茄子比肉贵。可现在很少有餐厅做正宗的烧茄子了。大概是十几年前吧，在一家餐厅的菜谱上看到了这道菜，瞟了一眼，当时也就几块钱，比肉菜便宜多了。心想，真实惠！决定来一盘儿尝尝。结果端上来一看，简直就是柿子椒炒茄子，要是加上土豆片儿，快赶上"地三鲜"了。吃上一口，没一点儿烧茄子的味儿。我把服务员请过来问："您是不是给我上错了？我点的可是烧茄子，这里怎么净是柿子椒呀？"

人家很认真地核对了菜单，说："没错。这就是您点的烧茄子。烧茄子都得放柿子椒呀！"

我实在不能认可这道菜是"烧茄子"，只有郁闷。

回家一想，也是，既然知道烧茄子应该比肉菜贵，那么根据"一分钱一分货"的道理，餐厅里比肉菜便宜的烧茄子，本来就不应该点，也不应该吃。服务员没错，是我错了。从那以后，我想吃这口儿的时候，还是自己在家做。其实自己动手做菜的过程本身也是吃的一部分，那种品尝自己艺术创作过程的快感，是不做菜的人永远体会不到的。

吃，讲究个时令，《黄帝内经》指出，顺四时则生，逆四时则亡。正因为人秉天地之气而生，法四时而成，所以"吃"也必须要"顺四时"。这就叫"天人合一"。中医认为"药食同源"，因此不仅用药如此，吃饭吃菜也是如此。即使是同样一块肉，在不同的季节也有着不同吃法。春天讲究吃红润光亮的酱汁肉；夏天自然是清爽透亮的白煮肉；秋天要吃甜酸可口，软糯味醇，色彩艳红的樱桃肉——这可是贴补秋膘儿的佳肴；而冬天吃的是大碗热气腾腾的米粉肉，酥烂浓厚，让人垂涎欲滴。这一点非常符合饮食的规律，因为人在不同的季节受温度、湿度等等因素的影响，对口味的需求不同。比如，在炎热的夏季，人们往往爱吃清淡的东西，而入冬以后，则喜欢吃口味厚重的菜肴。按照传统的说法，叫作"春多馥，夏多苦，秋多辣，冬多咸"。

吃肉尚且如此，吃蔬菜就更得讲究个时令。烧茄子是典型的时令菜，不是什么季节都能吃的。

吃烧茄子必须是在初秋时节，也就刚一入秋那半个来月收的茄子可以用。过了这个时节，茄子老了，里面长了籽儿，用同样的做法做出来也不是那个味道了。这就是孔老夫子所说的"不时不食"的道理。烧茄子用的茄子只能选北京原产的那种皮薄肉厚的圆茄子，而不能用长条儿形的灯泡儿茄子。灯泡儿茄子肉瓤子，烧出来口感不对。挑选茄子讲究看品相，要挑紫黑色，油光锃亮，看上去漂亮的才好。还有个窍门儿是要挑头上脐儿小的，这样的茄子籽儿少，而且不老不嫩，吃起来口味正好。刚下来的茄子当然贵，这是烧茄子贵的第一个道理。

把茄子去了皮，先竖一刀，横一刀，切成四瓣儿。之后，切成薄厚有韭菜叶宽的大片儿。平摊在一个竹笸箩里，先晾上半天儿。这么做是为了让茄子干干，不然煎的时候会出好些汤水。这得说一句，切大薄片儿是简易的做法，地道的做法应该是切成略微厚一点的片儿，然后像切鱿鱼卷似的打上密密的十字花刀，那会更入味儿，但做起来相对麻烦。

茄子预备好了，还要剥半头蒜，用刀面儿拍碎了再切成末儿。注意，是拍碎，而不是切碎，这很关键，否则就不出味儿了。

炒锅加素油，油要多放，一锅茄子怎么也得用小半斤油。因为茄子吃油。这是这道菜贵的第二个道理。

用旺火把素油烧到八成热，把预备好的茄子片儿推进去炸。没多会儿，油就几乎全被吸进茄子里了。这时候，要加些盐，为的是能把茄子里的水分杀出来，同时要把火捻小，慢慢地煸，不然茄子会煳。之后，要时不时地用铲子翻炒，把茄子煸透、煸匀，这需要时间。

什么叫煸透？就是要把吃到茄子里的油基本上煸出来，一锅茄子就剩下一锅底儿的时候。上面说烧茄子用油多，但实际消耗掉的并不太多。因为茄子煸好了，大部分油又都渗出来了。烧茄子特别不出数儿，一般用两三个茄子，下锅时一大锅，烧好了也就能出不到一六寸盘儿的量。这是这道菜贵的第三个道理。

茄子煸透了，要先捞出来，把油基本控干净。再把炒锅里的大部分油倒出来，只留下一点儿。然后要进行关键的一步——加酱油。

　　放酱油本身也是门学问，要比放盐讲究得多。酱油是大豆经过发酵加盐后酝酿出的，用什么酱油，用多少，什么时候放，出来的效果是不一样的。烧茄子必须加酱油，但不能放多了，放多了做出来的菜色发黑、味发苦，可放少了也烘托不出茄子的鲜味儿。要掌握到做成的菜酱红发亮，却又没有完全盖住茄子的颜色，点到为止，才算适量。这个尺度只有反复实践才能掌握。

　　酱油倒进去，只听"刺啦"一声响，油烟往上一蹿，赶紧把控过油的茄子倒回锅里，再稍微加些白糖，放糖的分寸要掌握在刚好吃不出甜味儿。之后翻炒几下，关火。把拍好的蒜末儿撒在茄子上，这样，茄子的热量会熏出蒜特有的香气，再颠两下出锅，一盘儿鲜美的烧茄子就算做好了。

　　烧茄子色泽深红，尽管是素菜，但口感肥嫩，味道醇厚，经过浓郁的蒜香一提，吃到嘴里是鲜浓喷香，非常下饭。补充一句，蒜千万不能下早了，因为蒜一焖熟就出不来那股特有的香气了。

我家的烧茄子属于什么菜系？我不知道。根据我家做菜的一贯风格，应该属于地道的北京菜。可比较了几本菜谱，都没找到相同的做法。有的菜谱上说烧茄子要旺火快炸，要用葱、姜焌锅，还有出锅时要勾芡等等。我都试过，或许好看些？但我觉得没有我家做法的味道足。烧茄子吃的就是茄子本身的新鲜劲儿，加了葱、姜，茄子味儿就不纯正了；勾了芡，蒜香就被盖住了。

吃有三层境界：最低一层，别人做我来吃，这只能是解馋。第二层，自己做自己吃，这可以叫作品味。最高一层，自己做别人吃，那才能真正体会到美滋滋的欣喜。所以，只要好吃，不必深究它是什么菜系。那就把我家这种叫作"家传烧茄子"吧。

如果嫌它色深不好看，还可以在茄子快煸好时点缀十来粒儿煮好了的毛豆，就成了毛豆烧茄子，也是别有一番滋味。吃菜，要真诚，吃自己做的菜更是如此。毕竟菜首先是给嘴吃的，其次才是给眼睛看的。

飞上天的鸭子

提起北京菜，好像不能不说的就是烤鸭了。现在，烤鸭俨然成了北京大菜的代表，以至于在外地人眼里，本来不怎么吃鸭子的北京人都特别爱吃鸭子似的。也难怪，无论外国人还是外地人，只要来了趟北京，全得要尝尝这口儿。

欣赏烤炙鸭子的经过，不亚于欣赏一场功夫表演。烤炉里炉火熊熊，枣木或梨木劈成的木柴烧得通红，把整个灶膛映衬得明晃晃的，火苗儿上方不远处悬挂着一溜儿二十来只正在燎烤的鸭子，只只肥硕饱满，泛着枣红色。强烈的火力把鸭子的皮下脂肪彻底熔化，滴滴答答流个不停。但见掌炉的师傅步态洒脱稳健，用手中两米来长的挑杆儿不断调换鸭子的位置，像是在表演一种奇特的武功。翻转燎烤，有条不紊，目的是让被烤化了的鸭子皮下脂肪流匀了，吃起来不柴不腻，口感滋润。最具观赏性的是鸭子出炉，只见掌炉的师傅用挑杆儿挑起鸭钩儿，让烤好的鸭子背部朝火，接下来后手往后抽杆儿，前手一扭，再用力一拉，那鸭子就凭借着惯性被荡了起来，避开火苗儿，平平地悠出炉门。整个动作一气呵成，干净漂亮。这就是现在通常意义上的北京烤鸭——皮酥肉嫩，带有一种特殊的果木香气的挂炉烤鸭。

烤鸭的历史并不长，出身也不显赫。就连这"烤鸭"的名字，也是从上个世纪三十年代才叫起来的。在这之前，它的大号叫烧鸭子，从明朝到民国初年，一直就这么叫。

最原始的烧鸭子用的是叉烧法，就跟做叉烧肉差不多，不过因为效率低，口感差，早被淘汰了。而传说中满汉全席里的烧鸭子大约有六百多年的历史了，它是随着明朝朱棣迁都北京而从南京传过来的，那时它还有个学名儿，叫"南炉鸭"，带着它出生地的印记。

这种烧鸭子不是用现在通常的那种挂炉烧烤，而是用焖炉，讲究的是"鸭子不见明火"。烤炙的时候是把秫秸放入用青砖砌成的三尺见方的地炉里点燃了，等到炉膛的内壁被烤热后熄火。然后，把鸭子排放在炉里的铁箅子上，关上炉门，全靠炉壁的热力将鸭子烘熟。焖炉鸭必须是一次放进一次出炉，中间不能打开炉门，也没机会给鸭子翻个儿。所以，掌炉的师傅必须有极高的技艺，既不能烤煳，也不能烤不熟，因为弄不好，这一炉鸭子就全废了。

现在采用传统焖炉来烤鸭子的店极少，二十几年前便宜坊烤鸭店用的还是这种手艺，不过据说现在已经进化成电焖箱了。幸亏这种手艺没有失传，便宜坊已经把焖炉烤鸭的工艺申请了"国家非物质文化遗产保护"。

焖炉的炉膛湿度大，像干蒸桑拿似的，鸭子走油很少，和现在流行的挂炉烤鸭比起来，焖炉烤出来的鸭肉更饱满暄嫩，鸭皮的汁液也更充盈。

后来努尔哈赤的子孙进了北京城，不但继承了明朝的皇宫，也继承了皇宫里的御膳房。为了笼络汉族官员，清政府专门设置了满汉全席，这道烧鸭子就被当作为数不多的汉族烧烤菜入选了，和满族美味烤小猪一起，成了满汉全席烧烤席的一道大菜——"双烤菜"。不过，最早在满汉全席里烧鸭子并不是主角儿，烤小猪才是像现在烤鸭子那样经过烫皮、挂糖色、晾坯、焐坯，然后挂起来烤炙，片成片儿蘸着老虎酱，就着葱白段儿和萝卜条包在荷叶饼里吃的大菜。那时烧鸭子通常是跟着燕窝、冬笋做的菜一起配着吃的。

保留以往的做法，未必就是最佳选择，好的口味需要不断的发展和发现。于是，出现了挂炉烤鸭。把鸭子挂起来用火直接烤，就是乾隆年间御膳房仿照烤小猪的方法改良来的。有记载说乾隆特好这口儿，有本叫《江南节次照常膳底档》的文献专门记载乾隆三十年下江南的菜谱，其中从正月十七到正月二十五，天天都有"挂炉鸭子"。

上行下效，到了清朝末年，前门外肉市胡同有家从小猪肉杠发展起来的卖猪肉和生熟鸡鸭的小店，掌柜杨全仁看见便宜坊卖焖炉烤鸭的买卖兴隆，就另辟蹊径，费尽心思请到了曾经在御膳房专管烤猪、烤鸭的包哈局里任过差使的孙小辫儿搞起了挂炉烤鸭，并且对工艺进行了改进，结果大获成功。经过一个多世纪的发展，今天这家店已享誉世界，这就是——全聚德。

很多人没注意到的是，所谓挂炉烤鸭子，并不是纯烤，确切地说是内煮外烤。因为鸭坯的右膀子底下有个小洞，这个洞不但是用来取出内脏，而且是用来吹鼓鸭身，灌进清水的。灌进水后，用一小节秫秸堵住鸭屁股，再用丝线缝上洞口。外面的火一烤，里面的水就沸腾了。这种烤法，一来不会因为烤炙而使水分流失，二来水一烧开，蒸汽自然就把鸭膛胀鼓，鸭皮也撑开变薄了，所以外皮吃起来才会又脆又薄，而鸭肉却非常柔嫩。

现在最一般的烤鸭吃法来源于吃春饼。用荷叶饼裹上鸭肉，夹上甜面酱、葱丝、黄瓜丝……这和吃春饼几乎完全相同。其实现在有着最老资格的烤鸭店——便宜坊烤鸭店——最初就是做吃春饼用的盒子菜的。只不过烤鸭毕竟是一只会飞的鸭子，它从包裹在春饼的那些各种各样的丝里脱颖而出，不仅自立门户，而且竟然飞上了天，成了今天的国际大菜。尽管从烤鸭的吃法上还明显看得出它作为春饼的痕迹，但已经发展得更加突出主题，与原来混同在各种丝里不能同日而语了。

裹甜面酱、葱丝的吃法其实仅仅是烤鸭诸多吃法中的一种，除此以外还有许多不同的吃法，都有着不同的体验和感受。比如，从主食上说，传统的吃法就可以把荷叶饼换成一种叫马蹄烧饼的空心烧饼。而从所蘸的作料上说，把鸭肉蘸上用酱油泡的捣烂了的蒜泥汁儿，再配上萝卜条儿的吃法舒爽似秋，比裹葱蘸甜面酱更杀口，更解腻，也更考究。还有，既不蘸蒜也不就葱，而是用酥脆的鸭皮蘸上细白糖吃，这种吃法备受大宅门里太太、小姐的钟爱。上面这些都是传统的吃法。比较现代的吃法是把鸭肉抹上黄芥末酱，用生菜叶子卷着吃。当然，还有回归自然的吃法，什么都不蘸，就那么直接吃，这样可以品尝出烤鸭的本真。

吃足了鸭肉，剩下一副鸭架子也别糟蹋，或熬汤或椒盐，都是难得的美味。而且据说当初全聚德自己家人就特别会做鸭架子，因为每天剩得多呀。一副鸭架子择干净油脂后炒得喷香，端上桌来吱吱作响，那渗起酒来才叫够味儿！其实，品尝一种口味，就像是选择一种生活，是品味辛辣？还是品味甜蜜？抑或是品味本色？悉听尊便罢了。

吃烤鸭还有个规矩，就是等鸭子吃得差不多了的时候，应该把鸭头掰下来一切两半，和两小片儿鸭尾巴上的肉一起码在一个小碟子里，以示有头有尾，上给这一桌最尊贵的客人。吃不吃无所谓，关键是透着一种尊重和礼貌。前些日子，我和几个朋友去一家据说是颇有几分名气的京味儿菜馆吃烤鸭，问为什么不给我们上鸭头？回答竟是："我家的烤鸭从来没有头。"真是让人哭笑不得，不知说什么好。心想：我买的可是整只的鸭子呀！

顺便说一下，烤鸭不是什么季节都适合吃的，北京人吃东西非常讲究时令。虽然鸭子算凉性的，这烤鸭在夏天还是最好甭吃。不仅是因为北京填鸭生性怕热，一到夏季就要减肉掉膘，吃起来发柴，而且还在于北京夏天潮湿闷热，鸭坯上总是湿漉漉的，这样烤出来鸭子皮是艮的，嚼起来也不香，没劲。

我吃过的最好的烤鸭，是在颐和园里的听鹂馆。一只四斤重的鸭子片出来正好一百零八片儿丁香叶，一片儿不多，一片儿不少，而且每一片儿上都有皮，有肥，有瘦。夹起一块鸭肉什么也不蘸放在嘴里，才明白什么叫"入口即化"，那真是不用你嚼，香醇酥嫩的鸭肉瞬间自己就消融在唇齿之间，只留下满口果木味儿的鲜香。不像有些地方的烤鸭，夹起一块皮一嘬一口油，剩下的是个木头渣似的空壳儿。还记得那时拿过一张薄得透光的荷叶饼，按服务员的指教，用手轻轻一攥，再松开手，那荷叶饼伸展开来，依然平整如初，不破不粘。服务员教我，一张荷叶饼要包上五片鸭子肉才算是地道。转眼间，竟然已经过去二三十年了。

几年前，又去听鹂馆，见菜谱上没了烤鸭，问服务员为

136

什么？一位胖胖的上了年纪的女经理走上前来，言道："您是老主顾吧？我们的烤鸭停了有些年头儿了。因为现在这儿是'世界文化遗产'了，不让见明火。"听罢此言，望着颐和园里熙熙攘攘的各地游客，怅然若失。

北京的背后是大草原

北京人特别爱吃羊肉。

这首先是因为北京背靠内蒙古大草原，相对于其他内陆地区，羊肉运输起来更方便。过去没有汽车运羊，北京人吃的羊都是从长城以外赶着走来的大尾巴肥羊，也叫西口大羊。据说这种羊三伏天赶到山上避暑，吃的是山上茂密的青草，喝的是甘冽的清泉，秋天养得膘足肉肥的时候，成群结队从张家口外赶到北京，路上所饮用的是从玉泉山支流灌注的溪水，所以不但肉质细嫩，要肥有肥，要瘦有瘦不说，而且没有一点儿膻腥。

北京人爱吃羊肉还因为，自打元大都时候起这里就是中国政治、文化的中心。身为游牧民族出身的元代和清代统治者，对北京的饮食习惯自然产生了引领作用。元文宗朝，有一位负责皇宫里饮食调理的饮膳太医忽思慧，在总结前辈食疗文献并汲取当时民间饮食经验的基础上编撰了一本叫《饮膳正要》的书。书中把羊肉归为聚珍异馔之列，在其所记述的九十四种元朝宫廷膳中，有七十多种是以羊肉为主料或辅料的，而且烹调技法复杂多变。此外，从元大都时开始，北京还是回族的聚居地之一。正是由于受到了蒙、满、回三个民族生活习惯的深刻影响，北京的汉族人在"吃"上也对羊肉情有独钟。因此，北京人吃羊肉非常在行。经典的北京菜也有很多是用羊肉做的，比如烤羊肉、涮羊肉、爆羊肉、烧羊肉、蒸羊肉、酱羊肉、爆煳、它似蜜、炸羊尾、白水羊肉等等。

老北京卖羊肉的店铺有个专有名称，叫"羊肉床子"，之所以这么叫，是因为这些店铺里都有一张刷洗得干干净净、像床一样的大木条案，为的是切羊肉和摊放羊肉。羊肉床子里所卖的羊肉是用钩子钩起来，挂在临街窗口的木杠子上卖的，卖的时候是顾客指哪块剩哪块，保证让您满意。这种卖法真正做到了"物尽其用"。

吃羊肉非常讲究部位，不同的部位有不同的用场，用料的分寸在于不能不好，可也不能太好。没有派不上用场的材料，只有不地道的做法，这才是讲究。比如，腰窝儿适合炖着吃，而羊身上最嫩的两小条子肉——纤维细长、形如竹笋的羊里脊——要是也给炖着吃了，不但糟蹋了东西，也吃不出什么好来。这两条子肉只适合做成形似杏脯，软嫩滑润，甜香如蜜的清真名菜"它似蜜"。一只羊的里脊，也就能做出一盘儿"它似蜜"。而羊的两条后腿，相对来说用处就比较广泛了，可以做成烧羊肉，可以烤着吃，还可以涮着吃。烤着吃和烧着吃，都不是普通人家里的吃法。而涮着吃又比较隆重正式。相对来说，最为简便的吃法还得说是葱爆羊肉。

　　讲到葱爆羊肉，有必要先说说葱。北京人用葱特别讲究，春夏秋冬四季品种不同，做不同的菜切法也不同。从品种上说，葱分成小葱、大葱、沟葱、羊角葱、青葱、鸡腿葱等等；从切法上又能分成眉毛葱、马蹄葱、滚刀葱、豆瓣葱、葱丝、葱米等等，各有各的不同用处。做葱爆羊肉最好选用北京产的高脚白大葱，这种葱品质好，葱白嫩脆，味稍甜，辣味儿小，而且最好用的是霜降以后挖出来的，因为霜降之后的大葱最嫩。有人说了，章丘的大葱比北京的嫩多了，而且还甜脆，您怎么不用呢？做菜有个原则，不是说越好越好，而该是合适为好。就比如章丘大葱，一掐能流水儿，要是生吃或夹烤鸭，绝了。可要用它爆羊肉，就不对路子了。火大了煳，火小了生。爆羊肉的葱主要是借辣味儿来去除羊肉的膻味儿，一点儿辣味儿没有，反倒吃不出好来。

葱爆羊肉的主料非常简单，就是葱和羊肉，当然，还有一些配料。别看原料简单，但做好了并不那么容易。

首先说这肉，一定是用撕去筋膜的后腿肉，横丝切成大薄片儿。羊肉不出数儿，爆一盘子羊肉，大概要用七八两肉。再有这大葱，要选葱白的部分，斜刀切成滚刀块儿，放在盘子里看上去和羊肉基本一般多。七八两肉，大概配半斤左右的葱。

爆羊肉的诀窍就在一个"爆"字上。这里得先说说肉香。肉香有两种：一种是鲜香，指的是肉的本味儿；另一种是烤香，指肉经过烤炙后挥发出来的特殊香气。爆，就是把肉在很短的时间内用极高温的油迅速加热，这样肉的外表虽然已经熟了，但内部却依然保持着鲜嫩，于是鲜香和烤香得以完美融合，这才叫"爆"。所以爆羊肉必须动作娴熟，手脚麻利，否则乱了方寸，同样的原料就做不出那个味道。

开爆！旺火烧锅，倒上油。爆羊肉用油比较多，爆一盘子肉大概得二两油，油要烧到九成热，热到再烧下去就能着火的地步。迅速把肉片儿倒进去，只听"刺啦"一声，赶紧翻炒几下，看着肉片儿刚一变色儿马上倒进姜末儿、蒜末儿、料酒、酱油、盐，再不停地翻炒几下，出了香气立刻把准备好的葱段儿推进去。葱不能放早了，放早了葱一塌秧，既不好看，又不好吃。见葱刚一变色，关火，顺锅边淋上陈醋，出锅！转瞬即成。端到桌上，那葱还精精神神的呢！

爆羊肉是火候菜，火势大小、油温高低、蒸气缓急和投料次序，常常间不容发，这是功夫。做菜就是这样，同样的材料，不同的人做出来会有天壤之别。

爆羊肉加醋也是个关键环节，醋不但可以去膻气，而且可以提升羊肉的鲜味儿。但这醋怎么加可就有技巧了。醋不但要最后加，而且要淋到热锅的内沿上，让它随着"刺啦"一声响，在一阵香雾中顺着锅边流淌到肉片儿上。铁锅的强热把醋的香气蒸发得淋漓尽致，与羊肉和大葱的浓厚醇香混合在一起，怎不令人垂涎欲滴？这种加醋的方法还有专有的名字，叫作"响醋"。如果直接倒在肉上，就成了"闷头醋"，没了香，只剩下酸了。

上面的爆法是现在家常的爆法，谁都可以尝试。但传统的爆羊肉不只是这种方法，还有一种用大铁铛爆的方法，据说铛上爆羊肉，是用一点儿肥羊肉煸出油来，放下肉片儿大葱干爆。作料逼干，大葱熟透，爆出的羊肉带焦香味儿，比用锅爆出来的更香更嫩，更为醇厚。区别于家常的"锅爆羊肉"，这种做法称作"铛爆羊肉"。

爆羊肉这道菜其实是从烤羊肉衍生出来的。烤羊肉是用专门的两尺多长的铁炙子，下面燃起枣木和松枝柏木，把用酱油、料酒、姜末儿、蒜末儿、醋腌好了的肉片儿加上香菜放在大葱上烤，吃的时候还要用手指头粗的筷子夹着吃。烤肉吃起来隆重热烈。我在后海的烤肉季吃过，确实是这么个吃法。不过，这种烤着吃的方法相对复杂，一般都是有些规模的专业馆子才安排得开。小酒铺儿对烤羊肉的工艺改良之后，精简了程序，就形成了铛爆羊肉。林语堂在《京华烟云》里写道，"在茶馆儿里，吃热腾腾的葱爆羊肉，喝老白干儿酒，达官贵人，富商巨贾，与市井小民引车卖浆者，摩肩接踵"，说的就是这种铛爆羊肉。再后来传到了百姓人家，又成了锅爆羊肉。

铛爆羊肉和锅爆羊肉比起来，滋味各异，真正会吃的人能分出是用锅爆的还是用铛爆的。过去酒铺儿里的爆羊肉基本全是用铛爆的。黄昏时分，依着大酒缸喝上二两白干儿，吃上一盘子大葱爆羊肉，再就着俩大火烧，那可是北京的老少爷们最实在的享受。不过现在很难吃到这口儿了。

从铛爆羊肉还衍生出另一道北京名菜，叫作"爆煳"，是在爆羊肉的基础上继续不断翻炒，等到调料的汁水全被焅干了，肉就变得酱红油亮，略带煳味儿的焦香扑鼻，再淋上点儿卤虾油，就算齐活了。这道菜虽然没有爆羊肉品相好看，可吃起来口感酥嫩，也是别样的美味！据说爆煳是名满京城的鼓书艺人刘宝全发明的，也有人说是京剧艺术家金少山发明的。具体是哪位不必深究，反正艺术和美食都需要品味，毕竟会吃的人得是有想法、有情趣的人。

荤里素

北京人喜欢吃的不只是羊肉，还有羊肚儿。有意思的是，羊肚儿虽说属于杂碎，可比羊肠子、羊肺贵多了，甚至比羊肉都贵。这恐怕是因为北京人并不把羊肚儿简单地炖了吃，而是专门费劲巴拉做出来一道名吃——爆肚儿。

现在，很多北京风味的餐厅里都有爆肚儿，可如果您到地道的爆肚儿店里说："来盘儿爆肚儿"，那人家可没法儿给您上。因为，北京人吃爆肚儿分得非常精细——一个羊肚儿可以分出七八个不同的部位，按照不同的方法处理以后，又可以被细化为食信儿、葫芦、肚板儿、肚领儿、肚仁儿、散丹、蘑菇头儿、肚丝、蘑菇、大梁等等十几个品种，而每个品种吃起来的感觉又绝不相同，有的脆嫩，有的柔软，有的艮韧……所谓的"爆肚儿"其实是这十几个品种的总称。所以，您可以说："来盘儿散丹。"也可以说："来盘儿肚仁儿。"这么细的吃法大概也就是既有闲情逸致又热衷于在有限的条件下寻求尽量多的享受的北京人才能琢磨得出来。

按照烹饪手法来说，"爆"有三种——油爆、水爆和芫爆。但北京人说的爆肚儿，严格意义上讲，特指水爆羊肚儿，也就是把新鲜的羊肚儿切成小块或小条后用笊篱托着在滚开的水里一焯，迅速捞出来，蘸上调料吃。至于现在很多爆肚儿店卖的爆牛百叶，其实是后来为了让爆肚儿更加大众化而改进的结果。爆牛百叶的做法远没有爆羊肚儿考究，味道也没有爆羊肚儿地道，不过牛肚儿比羊肚儿出数，价钱倒是便宜多了。而那种用化学药水漂得雪白透明的牛百叶，就更和爆肚儿风马牛不相及了，还是不吃为好。

爆肚儿的吃法乍听起来好像和涮羊肉差不多似的。的确，羊是吃青草长大的反刍动物，羊的胃由于一刻不停地消化草料而异常发达，所以肉质也就特别鲜美，比起羊肉来更是别有一番滋味。对于善吃的北京人来说，自然是落不下这口儿的。不过，北京人经常在自己家吃涮羊肉，但很少在自己家里吃爆肚儿。这并不是不愿意在家做，主要是因为做起来实在是不容易。

首先，羊肚儿不像羊肉，买回家就能用。新鲜肚子怎么收拾？怎么洗？就不是谁都掌握得了的。据说羊肚子有活性，清洗起来只能用凉水，冲洗的次数和顺序也有一定之规，而且清洗的时间必须恰到好处，既不能短也不能长，如果掌握不好，非但洗不干净，反而越洗越脏。

再有，怎么切也很讲究。必须按照肚子的纹路裁好了再切才能用来爆。而且，不同的部位还要用不同的刀法切成不同的形状，有的部位还要撕去筋和膜儿，很麻烦。

最难掌握的手艺是"爆"。别看只是入水一"焯"，哪个品种焯多大工夫，差别往往仅在须臾之间。时间短了不熟没法儿吃，时间略微过一点儿就老了也没法儿吃。据说这分寸的把握就在于感受羊肚儿和笊篱接触瞬间的微妙筋劲儿，要掌握得十分精准，可不是一两年的修炼。所以，谁要是馋这口儿了，自己也甭瞎费事，直接去爆肚儿店吃就是了。

可别以为您到了爆肚儿店就会吃爆肚儿，吃爆肚儿讲究个过程，这过程本身的讲究非常之多。

吃爆肚儿是个精细活儿，充分体现了"食不厌精，脍不厌细"的境界。一盘爆肚儿端上来也就二十来块儿，将将盖上个盘底儿。尽管爆肚儿是北方的粗食，但这东西却没有一上一大盘子的。之所以这么秀气，是因为唯有这样才能保证没等放凉就吃干净。这其中的道理在于爆肚儿这东西必须趁热吃，稍微放凉了就会返生，吃起来口感自然是大打折扣。店家往上端的时候也必须把握好时机。不管您点多少盘儿，规矩的吃法是一盘儿将将吃完的时候才给您端下一盘儿上桌，没有一摆一大桌子的。

　　接下来得说说这吃爆肚儿的调料。真正用来吃爆肚儿的调料和吃涮羊肉用的有差别。因为，羊肚儿虽然是肉食，却没有一点儿油腻，属于荤中素品。为了能充分体现这一特色，吃爆肚儿的调料相对于吃涮羊肉的要清淡一些。蘸爆肚儿的调料碗里主要是澥开的芝麻酱，再加上些酱油、米醋、蒜汁儿、姜末儿，撒上香菜末儿和少量的葱花儿。一般来说，吃爆肚儿是不加酱豆腐、卤虾油的，更不能加韭菜花儿，因为韭菜花儿的味道太厚重，如果加了，必然盖住了羊肚子那股特有的清鲜。若是往细了分，南北城吃爆肚儿的蘸料还不太一样。北城以东安市场为代表，因为来这儿的有钱人多，相对口轻。南城以天桥为代表，小买卖人和穷苦人多，相对口重。

最考究的是吃爆肚儿的顺序。吃爆肚儿和吃别的东西不一样的地方在于，相对于口味来说，更在意的是齿感。由于咀嚼爆肚儿的各个品种给人带来的齿感和口味都不尽相同，所以吃爆肚儿就特别讲究个顺序。这个顺序的原则是"先鲜，再脆，最后嫩"，也可以粗略理解为越是难嚼的越先吃，越是容易嚼的越后吃。当然，并不是每次吃爆肚儿的时候所有的品种都要尝一遍。但只要有两三个不同的品种，就要遵循这个顺序。北京人做事讲究规矩，就连吃也不例外。唯有这么吃，才能充分体验到爆肚儿的美妙。

吃爆肚儿一定要先吃不好嚼的，这有助于食客的口腔肌肉做好充分的准备，以便接下来顺利品尝一顿丰盛的美味。比方说，您可以先上一盘子切成麻将牌似的肚板儿。爆肚儿中所说的肚板儿是羊身上用来消化和分解草料中的粗纤维的瘤胃，运动能力特别强，所以，爆出来也格外有嚼头儿，往往是怎么嚼也嚼不烂，只能尝尝滋味之后囫囵吞了。这东西虽说嚼起来费牙，但却能体味到一种羊肚儿所特有的鲜和淡淡的甜。根据中医的说法，羊的这部分的消化力最强，人吃

149

下去会格外有助于消化。说也奇怪，吃爆肚儿，往往还真是越吃越觉得饿。

腮帮子活动开了，您就可以尝尝号称"陆上鲜贝"的肚仁儿了。爆好的肚仁儿呈乳白色，像一个个带着条纹的小圆柱儿，看上去着实有点鲜贝的品相，吃起来不但鲜味儿可以和鲜贝相媲美，而且还多了些鲜贝所没有的脆嫩，那感觉比之吃鲜贝有过之而无不及，算得上是爆肚儿中的上品。当然，肚仁儿的价格也比较贵，毕竟几只羊的肚子才能凑出一小碟子的量。

最后，一定要尝尝散丹，这是吃爆肚儿的精髓所在。没切的散丹像一页一页折叠的粗布，这东西在牛肚子里就得叫作百叶了。切好的散丹是韭菜叶宽的细条儿上面连着一排排叶片儿。爆到家的散丹端上来有一股淡淡的清香，刚入口时感觉毛茸茸的，嚼起来却咯吱咯吱得像吃黄瓜一样清爽。牙齿切割散丹所特有的那种快感，是我吃其他食物不曾体验到的。而且，嚼到最后也没有任何嚼不动的筋头巴脑。可如果爆得工夫大了，闻起来一股臭气，嚼起来又老又硬，觉得像嚼草绳子，咽的时候一半在嗓子眼儿上边另一半在嗓子眼儿下边，那叫一个难受，可就什么兴致也没有了。

吃爆肚儿讲究的就是齿感。之所以说是"齿感"而不说是"口感"，是在于吃爆肚儿最突出的感觉就是在"磨牙"，不同的品种磨牙的感觉是不一样的，给人带来的快感也是不相同的。内行的吃主儿甚至可以从邻座儿咀嚼的声响就能判断那位吃的是哪个品种，这种乐趣，唯有细细品味才能体会得到。

吃爆肚儿还不能吃快了，因为吃爆肚儿的乐趣全在细细感受那份牙齿切割的快意。有狼吞虎咽吃羊肉的，没有狼吞虎咽吃爆肚儿的。细细品，囫囵吞，爆肚儿就是这么个看似矛盾的吃法。所以吃爆肚儿不管是吃哪个品种，每次最好只夹一块，然后蘸上碗里的调料细嚼慢咽，唯有这样，才能找到感觉。

几盘儿爆肚儿下肚，这顿美餐并没有完成，接下来地道的吃法是用爆肚儿的汤爆一小盘儿水爆羊肉，那份滋润，让浓郁的感觉达到高潮。而后，再冲一碗爆肚儿用的清汤，原汤化原食，就上一个刚烤得的小芝麻烧饼——美！

"要吃秋，有爆肚儿"。寒露时节，秋风吹过，北京的天湛蓝湛蓝的，远处的西山也变得格外爽朗。吃上一顿爽利的爆肚儿，怎不让人回味三秋？

烧饼还是火烧？

在北京的吃食当中，很多是与烧饼和火烧搭配的。比如，吃涮羊肉、爆肚儿、烤肉、砂锅白肉讲究就芝麻烧饼，吃烤肉、焦圈儿要夹在白马蹄烧饼里才地道，而卤煮小肠要配"钱眼儿火烧"，等等。不过火烧也好，烧饼也罢，都是可以单独吃的。

很多人闹不清楚这烧饼和火烧到底有什么区别。其实很简单，火烧是表面上没芝麻的，而烧饼是表面上有芝麻的。还有一个区别是，火烧大多是烙出来的，而烧饼大多是烤的，或烙得半熟再烤出来的。

先说说烧饼。

北京的烧饼种类很多，最经典的就是吃涮羊肉、爆肚儿、砂锅白肉的时候就着吃的芝麻烧饼。这种烧饼表面上有一层芝麻，和面的时候里面加了椒盐和研磨碎了的小茴香。烤烧饼的技法来源于西域，往远了说它来源于遥远的两河流域。把小麦磨成粉，和上水摊成饼烤着吃的办法最早就诞生在那地方。您现在要是到了伊拉克，还可以见到接近原始状态的泥炉烤饼，后来传到了西域，就演化成了馕。所以传统上北京烤烧饼的大多是清真馆子，而且不管是哪种烧饼，上面多少都有点儿芝麻。芝麻正是来自西域的印记。烧饼里提味儿用的小茴香，也是产在西北地区，那是通往西域的必经之路。现在很多烧饼摊儿做的芝麻烧饼之所以看上去样子挺像，但吃起来不是原来那个味道，就是因为他们不知道烧饼里面是加了小茴香的。

不知何年何月，烧饼传进了北京。进了京城的吃食自然也就接了京城的地气，演化出了升级版。芝麻烧饼中的精品，当然要数以仿膳为代表的肉末儿烧饼了。个头儿比一般的芝麻烧饼要小，中间有一个小面球儿，吃的时候要用餐刀把这个面球儿剔出去，加上炒好的肉末儿。

肉末儿烧饼之所以出名，还是沾了清宫御膳的光。1925

年，昔日的皇家园林北海被改造成公园对社会公众开放。几位曾在宫里御膳房做事的厨师合伙在北海公园里开设了"仿膳茶庄"（也就是现在仿膳的前身），专卖精致的宫廷小吃，最有特色的就数这肉末儿烧饼了。皇帝虽然下了台，但昔日皇宫大内优雅精致的饮食文化依然吊足了大众的胃口。尽管能到"仿膳茶庄"享受的"大众"并不是穷苦百姓，但至少品尝御膳已经不再是贵族的特权，这也算是一种社会的进步吧。仿膳烤这种烧饼不是用炉子，而是用鼎。据说清宫里烙烧饼就用的是鼎，后来那鼎让八国联军顺走了，现在仿膳里用的是后来仿制的。咬上一口肉末儿烧饼，香里夹带着淡淡的甜味儿，而且绝不腻人。据说是周恩来总理建议在肉末儿里加上荸荠末儿、笋丁儿和丁香，才让这烧饼滋味更加绝妙。

有一种很像肉末儿烧饼的是蟹壳烧饼，严格地说应该是结合了江浙一带传过来的做法。这种烧饼不是吃的时候往里夹肉馅儿，而是烤的时候本身就有素馅儿。蟹壳烧饼颜色发白，里面没有小茴香和椒盐儿，吃起来很酥，但必须是热着吃，放凉了就皮了。

除此之外，还有什么吊炉烧饼、白马蹄烧饼、红驴蹄烧饼、缸炉烧饼等等。现在人们都知道喝豆汁儿要就焦圈儿，其实，喝豆汁儿要就着白马蹄烧饼夹焦圈儿才算正宗。我小时候平安里那儿还有位瘦高个儿、细长脸的老大爷烤白马蹄烧饼和红驴蹄烧饼。那个烤炉一米来高，样子像个大桶似的。烤烧饼时炉子底下烧火加热，然后用手把烧饼坯子贴在炉顶的内壁上，名副其实地是把烧饼给"吊"起来烘烤。等火候到了，再伸手进去迅速把烧饼一个个摘下来。那烧饼比现在的芝麻烧饼略微大一些、扁一些、少些芝麻，样子像清朝官员朝服上的马蹄袖口。烤好的烧饼金黄饱满，外脆里嫩，香气扑鼻，一撕开是两张皮，中间的空当正好夹焦圈。这大概就是侯宝林先生那段脍炙人口的相声《改行》里所说的刘宝全改行卖早点的时候所唱的那句鼓词："吊炉烧饼扁又圆……"我已经回忆不起那种烧饼的味儿了，但一闭上眼还能想起大爷的右胳膊常年被火熏得棕红的样儿，和他贴烧饼时的优雅姿势和富有节律的动作。这些年再也看不见这样的景象了。

有意思的是，发展到后来，有些烧饼已经不再叫烧饼。就比如蛤蟆吐蜜本来是一种包着红豆沙的烧饼，因为和面用的是脑肥、嫩肥和苏打面的三合面，烤好了之后从周边自然迸裂出一个大口子，暴露出里头焦黑的豆馅儿，看上去活脱一个耷拉出来的大舌头。衬托着周围一圈密密麻麻的白芝麻，让人想起喜气洋洋的大蛤蟆。蛤蟆吐蜜吃起来香甜，还有股独特的酵香味儿。尤其受小朋友喜欢。

再说说火烧。我以为最经典的火烧要数长圆形、半发面、小饼似的椒盐大火烧。还记得我小时候，买一个火烧要二两粮票、六分钱。吃一个火烧，再配一碗白浆，就是一顿最经济实惠的早点了。不过或许是因为太简单了没什么利润，这种火烧现在还真不多见了。

有一种叫片丝火烧，工艺比较复杂，一层一层的皮转着圈地裹在一起，撕下一层，薄得能透亮，吃的时候要趁热，凉了就皮艮。现在也看不见了。

好在有一种经典的火烧仍在，就是用芝麻酱、红糖、香油和的面烤的，看上去酱红色，吃起来外皮是酥的，里边是松软的，咬上一口，满嘴浓香的糖火烧。老人和小孩子特喜欢这口儿。做这种火烧最出名的是通州的大顺斋，那是家清真老字号，做的糖火烧不但滋味好，而且易于保存。据说从前北京的回族人去麦加朝圣，带着路上吃的就是这家的糖火烧。现在，这家的糖火烧好像都在超市里当点心卖了。不过有几家传统小吃店的糖火烧还是在当火烧卖，吃起来也蛮不错。

现在比较流行的火烧，要数褡裢火烧了。像根短棒，很挺实，里头有肉馅儿。褡裢火烧是像烙馅儿饼一样烙出来的。我觉得它其实就是一种馅儿饼，有没有肉馅儿在其次，关键是火烧应该是用尽量少的油烙出来的，而褡裢火烧几乎是用油煎出来的。至于当初为什么归入了火烧的行列，还真没弄明白。现在很多地方都敢自称卖褡裢火烧，就连我们楼下大食堂也卖过。不过，从形状到味道，就更像是长方形的馅儿饼，而不像是褡裢火烧了。

二十几年前，我每个周末都要去前门，到那儿准得去同仁堂药店对面儿门框胡同里的瑞宾楼吃猪肉大葱馅儿的褡裢火烧。还记得那胡同很窄，店堂里人很多，乱哄哄的，想吃褡裢火烧要先拿了小票儿，然后必须得等座儿。服务员一吆喝多少号的火烧得了，就要自己去小窗口取了端到座位上。我每次手上端着盘子，嘴里还得念叨着："劳驾，看蹭身油喽！"但没办法，谁让咱馋这口儿呢？忍了。

后来有一段时间没去，大概过了一两年又去了一趟，一进店堂，发现干净利落了许多，而且没几个人，不用等座儿了，心里自然非常高兴。赶紧买了小票儿，送到小窗口，没承想服务员说："您到座位上等吧，得了给您端过去。"我心想：有日子没来，服务真进步了。没过多会儿，火烧端了上来，看着还是那么回事儿，可一咬就觉出口感差了许多，没有原来那么焦，那么香，而且一头一个硬硬的面疙瘩……

后来，有一次去一家专门卖褡裢火烧的店吃褡裢火烧，说实在的，也不是那个味儿，皮烙得不焦，馅儿裹得不紧不说，而且太油腻了。吃起来更像是油炸肉饼。

其实，现在很多所谓的"京味儿"都变了味儿，又何况烧饼、火烧这种便宜的小吃呢？

自来红，自来白

北京人无论吃什么都讲究"顺四时"。在这个四季分明的地方，春生、夏长、秋收、冬藏，每个季节都有不同的风景，每个季节都能品味到不同的滋味。正如梁实秋所说的："大抵好吃的东西都有个季节，逢时按节地享受一番，会因自然调节而不逾矩。"吃菜如此，吃肉如此，就连吃点心也是如此。"不时不食"，体现了渗透在北京人骨子里"天人合一"的理念。

对北京人来说，什么时令吃什么点心，那是一点儿都不能含糊的。刚过了年，人们还依旧浸润在那热烈的气氛中，什锦馅的元宵就已经上市了；早春二月，护城河边的柳条刚刚显出些柔软，小孩子们就开始吃上了大米面的太阳糕；三月初三吃的是黄琼一样细嫩的豌豆黄儿；四月里，自家后院种的藤萝花做馅制成的酥皮儿藤萝饼散发着阵阵幽香，而用妙峰山产的鲜玫瑰花瓣儿做馅儿制成的散发着浓香酥皮的玫瑰饼也开始上市了；端午节里的粽子按规矩必须是江米小枣儿的，而且是用马莲拴紧了苇叶来包；七月里，火热的太阳照在青砖灰瓦上，四合院里的人们吃的是祛暑的绿豆糕、水晶糕；中秋节的风开始让人感觉到利落，饽饽铺里的各色月饼却让人有些目不暇接，眼花缭乱；九九重阳，西山仿佛笼罩在红霞里，这时节最好吃的当然是花糕；当院里的柿子树上只剩下几个大盖柿的时候，冬天来了，就又该吃蜂糕和喇嘛糕了；飘雪的时节，一两尺高，成坨的蜜供又摆上了各家各户的八仙桌……吃已经不只是为了解饱和解馋，而是一种对四时变化的感悟和憧憬。这或许正是"观乎天文，以察时变；观乎人文，以化成天下"的本义吧。

当然，北京的点心，还远不止如此，什么核桃酥、萨其马、缸炉、江米条儿、蝴蝶酥、芙蓉糕、茯苓饼、槽子糕等等，以至于可以编成一段儿五百多字的太平歌词《饽饽阵》：

…………

　　花糕蜂糕千层饼,

　　请来了大八件儿的饽饽要动刀兵。

　　核桃酥、到口酥亲哥儿俩,

　　薄松饼、厚松饼二位英雄。

　　鸡油饼、枣花儿饼亲姐儿俩,

　　核桃酥、油糕二位弟兄。

　　有几个三角眉毛二五眼,

　　芙蓉糕粉面自来红。

　　…………

　　这里说的饽饽,其实就是点心。老北京人管点心不叫点心,称为"饽饽",自然,卖点心的店铺也就叫饽饽铺。这个叫法是从元大都那会儿就兴起来的。所谓"饽饽",原本是元代蒙古族的一种便于携带的特色食品。忽必烈时,北京成了元大都,蒙古人进了北京城,也带进了吃饽饽的习惯。元大都的商业集市日渐繁华。按照黄仲文《大都赋》所描写的,那时"人们川流云集,骤马嘶鸣不已,酒家的招牌显示着老板的富贵气势,惟恐不够火,不够金碧灿烂,好让路人眼花……"在这繁华的集市上也出现了一种以经营饽饽为主的商户——饽饽铺，一直流传下来。

据著名的老北京作家金受申先生的考证，老北京的建筑大多是明清风格的，而唯独饽饽铺却一直保留着元代的风韵——一般都会有两层，即便只有一层，门脸上仍做出个假二层楼的阳台，外边拦着一道漆得金碧辉煌的栏杆，招牌上缀着用丝线制成的流苏穗子，店内迎门柜台两侧的山墙上还绘有五彩缤纷的彩画，置身其中，和其他店铺的氛围截然不同。至于为什么不能叫点心，据说是因为古代剐刑里让人送命的一刀就叫作"点心"，北京人很忌讳这个，所以，绝不能说"吃点心"。

北京的饽饽还体现着浓郁的民族特色，分为汉式饽饽、满蒙饽饽和清真饽饽。就连北京传统饽饽铺悬挂的漆金木牌的字号，也必须要用汉、满、蒙三种文字写成才透着规矩。三类饽饽不单单是品种上有所区别，在用油上也不大相同。满蒙饽饽常用奶油，汉族饽饽擅长用白油，而清真饽饽则用的是香油。

在众多的饽饽种类里，中秋的月饼无疑算是一大类，花样也最丰富。有什么提浆月饼、翻毛月饼、酒皮月饼、赖皮月饼、广东月饼……在各式各样的月饼当中，最具北京特色的就当数自来红和自来白了。

自来红，用地道的北京音读起来，第二个字应该是轻声的，听起来是"滋了红"。这种月饼个头儿不算大，一斤能称十来个。别看它小，却很有些特别的地方。自来红和其他月饼最大的区别在于，它不是用模子刻出来的扁平圆饼，而是圆鼓鼓的像个深棕黄色的小馒头。面儿上也不像其他月饼那样有着凹凸不平、花里胡哨的复杂图案，而仅仅在正中央盖了个棕红色的、圈儿状的戳儿。仔细观察还能发现，自来红不是通体一色，而是有着麦黄色的腰和酱红色的屁股。在头顶的那个圈儿里，还扎了几个小眼儿，这是为了在烤的时候，把里面的热气排出来。

别看这么个小月饼，却透着一股庄重、大气的实诚劲儿，看着就舒坦，一瞧就知道是地道的北京货色。正因为自来红有这份气度，所以不但是四合院儿里小姐、太太们中秋之夜供月的必需品，而且还成为家家户户过年供佛祀神用的素果。当然了，"心到神知，上供人吃"，最后，这上供的素果，不但自己家里人可以吃，还可以非常体面地送给亲戚朋友。

有句俗话："包子有肉，不在褶儿上。"做自来红用的材料，必须是按照一定的配比，用上好的香油和面做成皮，用白糖、成块儿的冰糖渣、青丝、红丝、核桃仁儿、瓜子仁儿和成馅儿。掰开一块自来红，伴随着一股扑鼻的香气，您会看到晶莹剔透的冰糖块儿像水晶一样镶嵌在碧绿的青丝和艳丽的红丝之间，看着就喜气。咬上一口，只感觉唇齿间疏松绵润，皮酥松却不艮，馅儿爽口而不黏，怎么不让人越吃越喜欢？

自来红不但用料要讲究，而且烤炙火候更讲究，号称"三分捏，七分火候"。要做到不煳不生，色泽均匀，色香味俱佳，那是门手艺。现在有的小店做出来的所谓自来红，掉在地上能砸出个坑来，实在是辱没了自来红的名声。据说老北京做自来红最地道的是聚庆斋，不但工艺考究，而且是真材实料。有人从那儿买回一斤自来红，放在瓷盘里，不到一天瓷盘底就浮着从月饼里渗出的一层香油。真正的手艺，是实实在在的。

和自来红配对儿的还有一种月饼，叫自来白。猛一看，个头儿、形状和自来红完全一致，只是颜色不同。它的表面是乳白色的，底儿上呈麦黄色。这主要是因为做自来白和面的油不是香油，而是白油，也就是专门用猪板油炼出来做点心用的高级猪油。过去有专门炼白油的厂子，做出的白油味道纯正，送到点心铺做调料。

由于没有肩负起上供的重任，也就不用守那么大的规矩，自来白的馅儿要比自来红随意得多，有山楂白糖、桂花白糖、青梅白糖、豌豆、咸瓜瓤等等。在自来白乳白色的头顶上，盖着一个不同图案的红色小戳儿，有梅花，有山字，有月牙，等等，为的就是区别馅料的种类。比如盖梅花的是山楂白糖的，盖山字的是桂花的，等等。至于什么图案对应什么馅料并没有一定之规，各家店铺有自己的规矩。

比起自来红，自来白吃起来口感更绵软，味道也更浓厚。不过，因为是荤品，不能用于供月和供佛祀神，但同样可以作为礼物体面地送给亲戚朋友。

说起送礼，很有必要提提传统的自来红、自来白的包装。那不是用纸包或点心匣子，而是用菖蒲叶编成草片儿包成的蒲包儿。把自来红放在中间，一般是十块一包，从四周围向上一折，包好，每个角上就出现了一个支棱着的犄角，蒲包儿顶上还要盖上一张红纸，或用毛笔写上祝福的话，或是印着饽饽铺字号、地址、电话的"门票"，再用麻绳儿一捆，打个提溜，雅洁、古朴、大方，体现了"礼轻仁义重"，其品位，远远胜过现在那些花里胡哨的铁盒子。

中秋时节，北京的天是那么高，那么蓝，那么亮，气候不冷不热。北京人提溜着装满自来红、自来白的蒲包儿串亲戚、看朋友，脸上透出礼貌，心里觉着体面。

自来白，自来红，月光码儿供当中。

自来红、自来白并不贵，是老百姓也吃得起的大路货，在外形上和制作上也非常简约，但简约中包含着精细，朴素里渗透着大气，这才是吃的精髓，这种品位才能长久。

不见荤腥的荤菜

一个人小时候喜欢吃的东西，往往可以回味上一辈子。在别人看来，那东西也许很不起眼儿，但在自己，却融进了旁人无法理解的思念。我小时候最喜欢吃的东西就是——炸灌肠。

那时我家住在紧挨着紫禁城东边的南池子。南池子北口拐角的地方有一家很小的灌肠铺，屋里大概也就能摆下三四张桌子。依稀记得黑漆漆的大铁铛支在门口，炸得半焦的灌肠发出吱吱的响声，一阵扑鼻的香气混合着浓烈的蒜汁味儿随风飘来。嘿！那个馋人呀！

每当我考了 5 分，或是受到老师表扬，最大的奢求就是

167

能吃上一小盘炸灌肠。用牙签扎上一块，蘸一点盘边的蒜汁儿，咬上一口，外表焦酥，内里肥嫩。每次我都必定吃得连丁点儿小渣儿都剩不下才肯罢休，那可是我小时候最大的享受啊！灌肠的香味儿就这样在我的脑海里回味了四十多年，比今天小孩子们吃麦当劳可过瘾多了。至今，我还清楚地记得那会儿的灌肠是一毛钱一盘儿。

后来，我家搬了几次，再回到南池子找那家灌肠铺的时候，早已不见了踪影，只给我留下了无限的惆怅。因为，我一直不知道那家给我留下童年美好记忆的小馆子叫什么。直到某年，偶尔在一本关于北京小吃的书里翻到"在南池子北口有一家馨欣灌肠铺……"看到这几个字，我竟恍然回到了童年。

人对口味的记忆非常顽强而深刻。让一个人念念不忘的美味，一定是小时候吃过的。小时候常吃的东西，即使是一种普通的小吃，也令人记忆终身。

我所钟爱的这种灌肠，其实和"肠"没太大关系。它是用淀粉在笼屉上蒸成大坨，等晾凉了以后再用刀旋成不规则的菱形片儿，在大铁铛里用油炸了，浇上蒜汁儿吃的。请注意这个"旋"字，现在很多号称是北京风味的餐厅里所卖的灌肠之所以不是那么回事，很大程度上就在于不是"旋"出来的，而是像切西式香肠似的切出来的。因为那些厨子就没有吃过地道的炸灌肠，还以为所谓灌肠怎么也得弄得跟香肠似的，切整齐了呢。其实错了。炸灌肠的技术之一，就是要炸到薄的地方焦脆，厚的地方嫩软，只有旋成有薄有厚、不规则的菱形片儿才能炸出吃起来像肉的效果。吃灌肠的规矩是拿牙签扎着吃，若是炸老了，扎不动；炸嫩了、散了，又扎不起来。这吃法本身也是检验灌肠质量的手段。

北京人在吃上的高明之处，就在于把不可能的事儿变成可能，还让您觉得很自然，很舒服。在油盐不继的条件下能做出好吃食，那才体现了食之真味。之所以形成这样的饮食文化，说到底是和北京特殊的人文环境分不开的。清朝三百年，北京的主流消费群体一直是按四时节气领钱粮的八旗子弟——旗人。终日衣食无忧的生活使许多旗人在悠闲、懒散的同时，把心思全部投入到吃喝玩乐上。清朝末年，旗人的俸禄越来越少，日子每况愈下。辛亥革命以后，许多旗人甚至沦为穷困潦倒的城市贫民，但多年来养成的刁钻口味却根深蒂固。为了适应这部分消费者的需求，精明的北京商贩就琢磨出各种各样原料便宜，但制作工艺讲究，吃起来别具风味，专供穷人解馋的廉价小吃。灌肠这道典型的"穷人解馋"用的小吃，就是要用很便宜的原料做出诱人垂涎的味道来。

炸灌肠做起来并不复杂，可以买生灌肠回家自己做。本来最好的灌肠是用纯绿豆粉加上好的红曲蒸的，颜色发红，但现在已经不多见了。常见的生灌肠是用白薯淀粉蒸制的，青灰色，略微有些透明的感觉，最地道也就数隆福寺街里头丰年灌肠铺卖的了，一大块一大块的，有些硬，切开了里头还会有没完全融化的白色淀粉。别看样子不好看，但炸出来好吃。超市里卖的那种所谓"北京风味传统灌肠"，看着倒是白净些，可一炸就散。我琢磨了好多回，感觉可能是当初和淀粉的时候放的水太多的缘故。这种灌肠切成细条儿，和韭菜一起爆炒还可以，可炸着吃口味确实差了点儿。其他那些粉红色的或白色的，就庙会上卖的那种，我总觉得它加了颜料，反正我是从来不吃的。

地道的炸灌肠要用猪大肠上的那层网子油炸，这样炸出来的灌肠不仅是脆的，而且是酥的，还会有一股特有的肉香味儿。这大概也就是灌肠和肠的唯一联系吧。如果是自己炸，也可以用炖完猪肉后上面的那层浮油，也挺好吃的。现在外面炸灌肠几乎都改用素油了，灌肠真的变成了全素斋。这么炸出来的灌肠，只能说是脆的，而不能说是酥的，火候掌握不好还发艮。怎么说呢，也就将就着吃罢了。

吃炸灌肠必须要浇蒜汁儿，它能吃出肉味儿的奥秘也就在这蒜汁儿上。对于不吃生蒜的南方食客，大概永远也体会不到这一口儿的美妙。虽说蒜汁儿做起来很简单，但也有小技巧。把大蒜瓣儿放在碗里，撒上一点点盐，用木制的蒜槌捣烂了，然后再用凉开水一激。注意，蒜必须是捣烂的，而不能用刀切或拍，那是出不来蒜香味儿的。再者必须用凉开水，因为水一热，就出蒜臭味儿了。另外，捣蒜之前放了盐，蒜才不会乱蹦。

专门吃灌肠的馆子，头三十年北京还有几家，上面说的东华门馨欣灌肠铺应该算是一家。听说早年间比较有名的一家是后门桥北头路西的合义斋，我没去过，现在也早就不干这个了。前几年重张开业过，而且恢复了把淀粉和上香料灌进猪肠子做出来的传统灌肠。为了和普通的灌肠区别开，还特意命名为合义斋灌肠。吃起来更显酥香，口味确实不太一样。只可惜没开多少日子就又停业了。上世纪八十年代，我在西单附近上高中的时候，西单十字路口东南角的小胡同里有个小灌肠馆，那时候经常省了饭钱去吃灌肠。现在还记得那位师傅五十岁上下，四方大脸，总是不紧不慢地一边煎，一边不断地用小铁铲向上撩油。不一会儿，灌肠煎好了，用铲子很麻利地一翻个儿，扣在盘里，亲自给您端上桌儿。举手之间，颇具北京人所特有的那份优雅的韵律感。但后来也不知道什么时候，这家小馆消失了。

很长一段时间里，仅存的灌肠铺，大概也就是隆福寺街的丰年灌肠铺了。前些年去，那里和我小时候一样，依然是买了小纸票儿往窗口的小水盆儿里一搁，向里头说一声："两盘。"等师傅从大笸箩里抓上一把生灌肠片儿撒在大铁铛里吱啦吱啦地炸上片刻，得，自己端到桌子上吃。口味嘛，比起那些京味餐厅里的，应该说是正宗多了。所不同的是，后来一小盘已经涨到近十块钱。顺便说一下，炸灌肠不但费时、费工，而且费油，所以一斤生灌肠和一小盘炸好的灌肠的价钱从来都是一样的。前几个月网上说丰年也停业了。停业头一天有几百号人去排着大队吃灌肠，也算是一种怀恋的仪式吧！有人说丰年早晚还会重张开业。至于什么时候开？在哪儿开？没人知道。

好吃的东西其实不一定要贵，关键在于给人带来怎么样的享受。而人最爱吃的东西，是能勾起内心温暖回忆的东西。对于我，炸灌肠就是如此。

餐厅做不出宫廷菜

　　中央电视台有个栏目叫《国宝档案》，知名度挺高。头几年大概是为了迎接春节，栏目组托朋友找到我，说是要拍个关于宫廷菜的系列节目。想必编导们查阅过大量的清宫御膳资料，发现了两道很有意思的名菜，却不知道长什么样儿，更不知道是怎么做出来的。于是试着问我，一道叫樱桃肉，另一道叫镶银芽。

　　我说我也不是厨师，为什么问我呢？制片人倒也痛快："您在《京味儿》里提到了秋天应该吃樱桃肉呀！酸甜可口，软糯味醇，色彩艳红……好家伙，看得我们都馋了。"

说实在的，因为经常写些关乎饮食的文字，大大小小的馆子我也下过不少，可这两道资料上的名菜还真从未尝试。于是特意请教了御膳传人甄建军大师和号称"京城豆腐白"的白常继大师，二位毫无保留地娓娓道来。这一听不要紧，不仅明白了为什么现在餐厅里吃不到这两道菜，还对宫廷菜有了新的认识。

樱桃肉，可并不是用樱桃汁儿熬的肉，更不是现在电视上一些创意达人用沙司和上海酱油咕嘟出来的肉。老北京所说的樱桃肉，说白了是道象形菜，主辅料里都见不着樱桃。

大概做法是这样的：先是把一整块半尺见方五花三层的大肉用小火慢慢煮到七成熟，捞出来，等到肉晾凉了，用干净布蘸干了水分，切成五五二十五块一模一样的四方块儿。

接下来可是关键，每块肉要在半透明的肉皮上用快刀整整齐齐划上十字纹，正好划出个四方格子，每个格子恰巧如樱桃大小。这就是做出樱桃形的坯子。下刀的深浅可要有分寸，要求把肉皮剌开一多半，但又不能完全剌透。为什么呢？因为下一步是要放在油里炸，直炸得肉皮膨裂开来，恰似四颗圆鼓鼓的樱桃。

下一步，炒汁儿。盐、糖、醋、酱油、葱、姜自不必说，还必须用到红曲米粉，只有这样做出的肉才会是紫红的樱桃色。红曲米，由早稻发酵加工而成，碾成朱砂色的红曲米粉，是传统菜肴里经常用到的纯天然色素。用它做出的大鱼大肉，看上去喜兴。

把那二十五块炸出樱桃形的肉块儿放进炒得拉黏儿的汤汁儿里煨燔，待到汁液充分收进肉里去。捞出来整整齐齐码在盘子上，依然拼回一块方肉。那就是一百颗油亮红润的小樱桃，比真正的樱桃自有惊艳之处。这才称得上是宫廷御膳樱桃肉——寻常的食材，消耗了精细而漫长的工夫。

得了这个方子，我还真请爱琢磨新菜的小乔师傅在家试着做了。反反复复十来次，总算做出点模样来。夹上一块入口细嚼，酥香弹牙，酸甜适口，吃起来还带着醇厚的曲香。好吃倒是真好吃，只是确实不适合在餐厅推广。因为若是真做起这道菜来，必得从头天就动手准备，煮肉晾凉，再加上上灶的时间，怎么也要溜溜儿一天。餐厅是要讲效益的。谁会花这份心思在一块普通的肉上？即便真做出来，都不好定价钱。

现在很多人都觉得宫廷菜很神秘，心想那不定多么稀奇古怪、多么价值连城呢？甚至有一些餐厅自篡出几道新菜来冠以宫廷菜、皇家菜的名义，还要编造几个乾隆、慈禧多么爱吃这道菜的段子，听起来有鼻子有眼儿，其实只不过是为了招揽顾客。乾隆、慈禧好哪一口儿，谁也不知道。不但现在人不知道，即便当初御膳房的厨子也不知道。因为这关系到帝后的生命安危，属宫廷大忌，谁说出来谁掉脑袋。不信您去查清宫档案，帝后的生活起居什么事都记载，唯独没有记录谁爱吃什么。

论真了说，宫廷菜用的都是寻常的食材，从不敢用稀奇古怪的东西。道理明摆着，皇帝比老百姓更惜命。不论是皇帝还是后妃，任何时候都不能疏忽大意，随意吃喝。您想呀，按照清宫的规矩，"吃菜不许过三匙"，还敢吃什么稀奇的东西？如果说宫廷菜有什么特殊之处，那就是比一般餐厅里的菜花费更多的工夫。菜，要想好吃，就得加一味调料，叫时间。就比如下面这道镶银芽。

镶银芽这道菜大名鼎鼎，现在能从网上查到。基本上是说用细铜丝把肉馅儿或鸡丝捅进切去两头的绿豆芽里，然后再上笼屉蒸。且不说那肉馅儿能不能捅到纤细的绿豆芽里头去，单说那脆嫩的绿豆芽上屉一蒸，就软烂得没形儿了。当初的皇上、皇后怎么能入眼？

白大师不愧是当今名厨，他一语道破其中奥妙。豆芽中的馅儿是用绣花针穿着潮润的细线在调好味的稀烂鸡蓉里拉一下，然后穿过粗壮挺实的豆芽，就靠那根线把鸡蓉带进豆芽芯里头去。想吃一小盘子镶银芽，光穿这鸡蓉就得半天儿的工夫。之后的工序既不是蒸也不是炒，而是用炸得滚烫的花椒油浇淋平摊在漏勺里的带馅儿的豆芽。一边浇还要一边把豆芽抖搂松散，眼见豆芽略一变色，唰唰撒上细盐，轻掂两下，再浇热油。顷刻间，根根豆芽变得银亮透明，中间镶嵌的一缕鸡蓉清晰可见。传说中的镶银芽就是这么做出来的。

近年来也有人复制出镶银芽，据说吃起来是脆嫩里镶着鲜。但一般餐厅可是做不起，一般客人也吃不起。材料倒是没什么，只是花不起那份工夫。

这两道高端大气上档次的所谓宫廷菜确实不够大众，但却都是用很普通的食材，只不过是花了心思，花了非同寻常的工夫。或许这正是宫廷菜的独特风韵吧？自然也是这些菜很难流行的原因。

清末民初，大批御膳房的厨师流到社会上的饭庄、酒楼谋生，也就把宫廷菜的一些技法和理念传到了京城民间。而那些能够往来于此的顾客，又大多受了八旗子弟的熏染，依然是慢悠悠听戏，慢悠悠喝茶，慢悠悠遛鸟儿，行动举止间透着一股特有的闲味儿。花大工夫做出来的宫廷菜，既能勾起人们的好奇心，又迎合了食客的兴致，结果往往是头三天就把桌定下了，各大庄馆一片红火。他们不是来充饥的，更不是来谈事儿的，他们就是来吃菜的。

至于那些昔日离宫廷很近的旗人，尽管一夜之间变成了平民百姓，生活所迫，让他们的食材越来越便宜，但那份做起菜来的精细劲儿却依然挥之不去。他们打小儿就觉得，菜，就得这么个做法，简单了，那叫偷奸耍滑。结果一度带动得京城从上到下的餐桌上都飘散着一种悠然的气氛。炸一碗老黄酱要花上一个多钟头，咕嘟锅麻豆腐能站到腿发酸。即便是做酱瓜肉丁儿、醋熘白菜、烧茄子这种家常菜，也都讲究花上漫长的工夫。这些虽是平民菜，却隐约映衬出宫廷菜的影子。这，就是京城里曾经特有的一种生活态度。

现在不同了。现在往来于这座城市的人们成天忙忙碌碌，到餐厅点菜恨不得十分钟就能吃到嘴里，谁还有心思坐下来等？现在的餐厅追求的是资金周转率，最好是用一条稀奇少见的鱼下水一煮就卖出个惊人的好价钱。在这样的氛围下，有谁会去慢慢品味菜中蕴涵的工夫呢？又有谁会用几个小时去烧一份原本很普通的小菜？

所以呀，您也甭费劲巴拉地去找，现在的餐厅里做不出宫廷菜。那些所谓的宫廷菜，不过只是一个噱头。

冬

　　最好吃的饭菜，是和最亲近的
人在一个锅里享用的，这一点，吃涮
羊肉比吃其他菜都突出。

红红火火数九天

一九二九不出手，

三九四九冰上走，

…………

北京的冬天到了。

对于北京人来说，天一数了"九"，就意味着吃涮锅子的日子又开始了。

寒冬腊月，屋外冰天雪地，屋檐上倒挂下来一根根长长短短的冰凌。屋里的八仙桌上红铜的锅子里炭火熊熊，烟雾缭绕间，亲戚朋友团聚在一起，伴随着"咕嘟"的开水声，

"噼啪"的烧炭声，热火朝天地涮上一锅，那份温暖和热烈尽在不可言喻的感受之中。

涮羊肉是北京涮锅子的代表，但涮锅子可不只是涮羊肉。过去北京的大宅门儿里，吃涮锅子的讲究可多了。从数九开始，凡是每个"九"的第一天，必吃涮锅子，"九九"的最末一天，也要涮上一锅。也就是说一个冬天应典的涮锅子就至少要涮上十次，而且每次涮的都不能重样儿。只有"一九"的第一天，涮的才是羊肉锅子，而"二九"开始，涮的就是山鸡锅、白肉锅等等各种锅子，"九九"的最末一天，吃的一定是"一品炉肉"锅子，为的是图个吉利气儿。您现在参观故宫，还能看到锡制的吃一品锅的专用餐具。文人墨客，还要抽空涮上几回清香爽神的菊花锅子，为的是附庸风雅，不但在意吃什么，而且也更讲究氛围。不过对于普通老百姓来说，数九寒天还是吃涮羊肉最普遍，也最实在。

根据中医的说法，羊肉属于热性，冬天吃涮羊肉祛风散寒，而且不容易上火。当然，现在人不讲究这个，大夏天的也可以开着空调吃涮羊肉，就连涮肉的方式也和过去大不相同。现在的涮羊肉，无论是在家吃，还是在饭店吃，用的基本上都是电火锅，极少再用点炭的火锅子，偶然有用的，也是烧炭球，不是烧木炭。而吃涮羊肉，那种享受，不仅来自舌头的味觉，同时也来自鼻子的嗅觉，甚至于来自耳朵的听觉。过去吃涮羊肉用的涮锅子是烧木炭的，那燃烧的炭火混合在水汽中所散发出来的独特气息，乃至"噼啪噼啪"的炭裂声和"咕嘟"的开水声混合成的动静，也是涮羊肉所不可或缺的组成部分。这才是全身心的体验和感受。

我是地道的北京人，涮羊肉在我记忆里是儿时最隆重的大菜，那红红的炭火映衬着红铜的锅子，早已成为冬天里特有的景致。说起来，这涮羊肉里的讲究还真不少呢！

首先说这肉，按老北京的传统，涮羊肉用的羊也都是口（张家口）外来的大尾巴肥羊。现在好像讲究用产自内蒙古锡林郭勒盟的黑头白羊，而且是被阉割的公羊。据说这种羊的肉质细腻，无腥不膻。涮羊肉用的肉，最好的就得说是羊上脑，就是羊的后脖梗子上那块肉。上脑肉鲜嫩不说，而且脂肪和肌肉相间，带有大理石一样的天然花纹，吃起来不柴不腻，是涮着吃的上品，只可惜一只羊也出不了几两这样的肉。次之，就是羊臀尖的肉了，北京人叫大三叉儿，也叫一头儿沉。这块肉肥瘦各半，上部有一条薄薄的夹筋，去了筋后都是嫩肉，同样是涮着吃的上品。除了大三叉儿，羊前腿也可以涮，这是一条像扁担似的肌肉，瘦多肥少，也叫小三叉儿。另外还有两小块肉，一块是磨裆——也就是臀尖下面两腿裆相磨的地方，这块肉形状如碗，肥多瘦少，肉质粗而松，可以用来涮；另一块叫黄瓜条儿——也就是羊后腿上的那根主要的肌肉，与磨裆相连，长得像两条相连的黄瓜似的，这块肉颜色淡红，除了一直一斜两条纤维外，几乎全是细嫩的瘦肉，也可以用来涮。除此以外，羊身上就再没有适合涮着吃的肉了。所以一只羊身上真正能涮着吃的肉没几斤。据说，过去东来顺饭庄是把好肉剔下来在店里卖涮羊肉，剩下的肉或做肉饼或很便宜地卖了。既不糟蹋东西，还让食客们都知道"咱这儿用的可全是精肉"。而且店外边一大排人热热闹闹吃肉饼，还起到了招揽生意的宣传作用，可以说是一举多得。

手艺高超的师傅一斤肉能切出七八十片儿，那真可以说得上是"薄如纸、匀如晶、齐如线、美如花"，比之现在用机器切出来、吃到嘴里木渣渣的、没一点活泛劲儿的冻羊肉片儿，可完全是两码事儿。

涮羊肉除了肉，还有几样必不可少的配菜：水发粉丝、酸白菜、大白菜头、冻豆腐，再加上白皮糖蒜。主食只有一样——芝麻烧饼。齐了。经典的涮羊肉就这么多样，再有就是小料儿了。

说起涮羊肉的小料儿就比较复杂了。先说这碗底儿，芝麻酱用凉开水加一点点盐慢慢澥开，不能太厚，也不能薄了。王致和的酱豆腐买的时候要特意多要点儿汤，用那汤把酱豆腐研成糊。酿制好的韭菜花儿盛出一小碗儿。葱花儿、姜末儿、蒜末儿这三样要选山东原产的才正宗。香菜切段儿。四样鲜菜放小碟里备用。酱油要用天然晒出来的才地道，醋要用山西清徐的陈醋，辣椒油最好用小辣椒自己现炸。还有卤虾油，可是吃涮羊肉必不可少的东西。真正的食客小料儿不全不吃。现在很多人不知道什么是卤虾油，甚至连很多专门经营涮羊肉的餐厅里也不预备了。早年间，这可是京城住家户儿像酱油、醋一样常用的调料。卤虾油是用渤海产的小虾、小蟹装进罐子里搅拌碎了加上咸盐发酵出来的清汁儿。吃汤菜的时候只需点上几滴，老远的就能闻见股浓缩了的海鲜味儿。不过这玩意儿不能多放，因为太咸了。用老人们的话说，吃多了就变夜么虎儿了。

地道的吃法是各种调料都需要单独放在碗或碟子里，由食客自己根据口味和喜好自由调配碗底儿。盛到碗里红的、绿的、黄的，青是青，白是白，很漂亮的一小碗儿。哪有乱七八糟和成一盆黑乎乎的糨子，大伙都盛一样的？

调碗底儿的基本程序是这样的：先放芝麻酱、酱豆腐，再放韭菜花儿，韭菜花儿咸，要少放，勾兑上酱油、醋、辣椒油。卤虾油点上两滴足矣，借上味儿就成了。之后撒上葱、姜、蒜末儿。香菜不可不加，加了，吃起来味道才正。

不过据说清朝王府里的涮羊肉所用的调料倒没有这么全乎。只不过是上好的白酱油、酱豆腐和糖蒜，此外加上点韭菜末儿，而不是韭菜花儿，就齐了，其他小料儿一概没有。

涮羊肉用的锅子可大有讲究，地道的涮锅子是用红铜打的，看着很气派，膛里要挂一层锡，因为用铜直接煮水会有毒。顺便说句：涮羊肉用的锅子和吃火锅的锅，形状是不一样的。火锅是圆肚的，膛儿大，为了能装东西，而涮肉的锅子上头大底下小，是个倒锥形的，炭膛儿大，火力旺，为的是总能保持锅里的水滚开着，让羊肉片子涮两下就熟，十个八个人也供得上吃。

点炭烧锅子，用扇子扇得炉火熊熊，水"咕嘟"开，就可以端上桌了。不过要注意了，这锅子底下可得先垫个大盘子，再放些水在里头，为的是防止炭火溅出来。水开了，先兑上口蘑汤和水发海米煮出鲜味儿来，经典的吃法是在锅里下几个炉肉小丸子煮透，那汤味儿鲜极。还有一种吃法，就是涮肉前把一碟儿卤鸡冻下到锅里，涮出来的肉也别样鲜美。

铜锅子往桌子中间一摆，就可以开涮了。吃涮羊肉，程序很重要。这最先下锅涮的既不是上脑也不是后腿，而是羊尾，就是绵羊尾巴上的那块油，切成半透明的薄片儿。不用多，就先涮上两片儿，再涮肉，吃起来就不柴了。没吃过羊尾的人看着这东西发怵，心想这一块大肥油怎么吃呀。其实，这东西吃到嘴里肥而不腻，滑润得很。

吃过两片儿羊尾，进入主题——涮羊肉。所谓涮，就是用筷子轻轻地夹两三片儿肉在锅子里抖搂上三四下，注意，不能夹死，夹死了筷子夹住的那块就是生的。涮肉的工夫不能长了，看肉一变色，夹出来，沥干肉片儿上的汤水，蘸上作料赶紧吃。涮的工夫长了就成了煮肉，而不能叫作涮肉了。涮好的肉如果放在碟里凉了，就会返生。涮羊肉就这么个吃法，带有浓厚的北方游牧民族的饮食特色。

涮羊肉吃起来醇香味厚，可以说是香、咸、辣、卤、鲜五味俱全。吃的过程中，食客可以随时调配碗底儿里的小料儿，还可以就上几瓣糖蒜，清口不说，还提味儿。

肉吃得差不多了，可以煮酸菜，为的是去腻；煮白菜，为的是清口；再煮冻豆腐，吸满了汤里的鲜味儿。最后，再煮上一挑儿水发粉丝，为了滋润顺溜儿。粉丝吃完，还剩最后一道程序，舀上一碗锅里的汤，品上一口，鲜美至极。再就上一个现烤的芝麻烧饼，在涮锅子上用炭火慢慢嘘热，小茴香的香气四溢。

一顿充满仪式感的涮羊肉圆满完成。

当然，吃涮羊肉的同时，您所享受的除了美味，还有温暖和谐的气氛和浓浓的亲情、友情。最好吃的饭菜，是和最亲近的人在一个锅里享用的，这一点，吃涮羊肉比吃其他菜都突出。

什么萝卜赛过梨？

常听人说"萝卜赛梨"，可并不是所有的萝卜都能和梨相提并论，分庭抗礼的。白萝卜、胡萝卜、卞萝卜、小萝卜只是萝卜，远不敢跟梨攀比。能跟梨叫板的萝卜只有一种，就是心里美。

心里美，是一种北京特产的水萝卜，长相敦实，青皮粗糙，底下拖着根毛茸茸的小尾巴，看上去其貌不扬。可您要是横着一刀切开，立马儿眼前一亮——紫红的萝卜心，水灵得闪眼，放射状的纹路美艳如光芒。单凭这颜值就足以赛过各种各样的梨。若论滋味，大冬天咬上一口，冰凉的萝卜瓤儿跟冰柱似的嘎嘣脆，那股爽劲儿比存放了好长日子的梨强了不知多少倍。

从前一入冬，水果店里的果子眼见着变少了，货架子上就那么几种苹果和粗笨的雪花梨。大盖柿又还没下来，只能先用红枣、荸荠占据着水果的位置，顶多再有几把不分季节的香蕉，那已经算是金贵的细货了。馋水果了怎么办？您甭去水果店，就大街小巷里找个卖心里美大萝卜的摊子，买上两个，又甜脆又便宜，败火通气，赛过各种梨，真称得上是"平民水果"。

三九天的西北风干硬干硬的，天色暗淡之后吹得电线杆子上的电线"嗖嗖"直响，打在人脸上像小刀子刺。大冷天的谁也不愿意出门。可这时候，如果伴着风声能听见那么一嗓子"萝卜——赛梨喽——辣了包换"，肯定能有人冲出街门，一路小跑循声而去……心里美的诱惑力不可阻挡。

卖心里美的常常推个自行车，后货架子一边一个柳条筐，筐里装满了土里土气的大萝卜，滚圆，胖大，绿缨子，青肚皮，小尾巴，透着一股憨劲儿。卖萝卜的小贩多是京郊土生土长的农民，头上顶着耷拉着耳朵的栽绒棉帽子，身披一件旧棉袄，扶着车把的粗手已经冻得通红，两脚时不时跺几下地，扬起一阵尘土。冷呀！

见着有人来买萝卜，那小贩儿近冻僵的眼珠里闪出了光，一只手从筐里摸出一个圆滚滚的心里美托住举高了，另一只手的食指弯成个钩子当当一敲，为的是证明自己的萝卜好。如果那声儿是脆生的，切开之后肯定一咬一汪水儿。如果声音发闷，那八成儿糠了，赶紧给您换一个，直到敲出个脆的来。

他掂着那个挑好的脆萝卜憨憨地笑着，很有成就感地问您：切是不切？您说句切，他立刻麻利地抄起一把长刀，托着萝卜尾巴连切带削，唰唰几刀，长萝卜缨子的一头儿就雕刻出一个莲花瓣儿似的萝卜座儿。然后照着中间的红瓤横几刀竖几刀，变戏法儿似的削出了一簇水晶柱，松而不散。

您顶着寒风捧回家去，顺势掰开，就是一根一根含着冰线的紫晶棒，家里的人无论长幼每人分上一两根，透心儿凉，赛冰糖。土气的萝卜，吃出了花儿。这种艺术的吃法，别说梨了，怕是所有水果都望尘莫及。要是再就上一杯热茶，嘿！那就应了那句俏皮话儿："凉萝卜喝热茶，气得大夫满街爬！"为什么呢？因为打嗝儿通气，特舒坦！不过，气倒是通了，可打出来的嗝儿实在是味道不佳，最好避讳着旁人。

心里美好吃的可不只是漂亮水灵的瓤儿，那层绿萝卜皮不起眼儿不是，可它照样儿好吃，而且可以做出一道既漂亮又顺口儿的小凉菜——炝拌萝卜片。

刮去萝卜皮表层，斜着下刀削成薄薄的月牙片儿，每一片儿上都是红白绿三色相间，看着多顺眼。拿盐暴腌儿了，拌上糖和香油，浇上滚烫的花椒油和现炸的干辣椒，就成了一道清口的小凉菜。可以下酒，可以喝粥。吃起来微微的辣、隐隐的麻，咬一口咯吱咯吱响，那脆生劲儿就甭提了。若论味道，清爽利落，绝不拖泥带水。

最后，还剩下一块切下来的萝卜头儿，不能吃了，找个饭碗放在里头，倒上凉水泡上，放在窗台上摆着，让它汲取那一缕冬日暖阳。一转眼，萝卜头儿不知什么时候滋出了两三个芽坯，从娇黄，到嫩绿，到深绿，到长出一簇细嫩的叶子，过不了多少日子，竟然长出了一片袖珍森林。兴许就在哪一天早晨，您忽然发现袖珍森林中竟然抽出一枝花苞，静静地开出几朵白色的小花。

小花不香，却带给憋闷在屋子里的人们那么一丁点儿难得的盼头儿。

大白菜，俗中雅

您知道什么是北京人的看家菜吗？就是大白菜。

大凡北京人，对"冬储大白菜"这个词都不会感到陌生。三十来年前，每年刚一入冬，"冬储大白菜"就像一场群众运动似的热火朝天地展开了。大马路上跑着的是送菜进城的大卡车，胡同两侧的大白菜码成一道道一人多高的墙，每家菜站都排着买菜的长龙，周围还有成堆的白菜帮子、烂菜叶子……每到这个时候，北京的老少爷们儿最重要的活计就是把一两百斤大白菜驮回自家院子，顺墙根儿码好晾着，等到外面的一层帮子干了，再垛成一小座白菜山。

您可别以为冬储大白菜是短缺经济的产物，其实北京人冬储大白菜的历史起码有五六百年了。元代文人欧阳玄就记载过大都人冬储大白菜的情景。他曾经写了十二首《渔家傲》来描绘元大都的风俗，其中有"十月都人家百蓄，霜菘雪韭冰芦菔，暖炕煤炉香豆熟"的句子。这里的"霜菘"指的就是经霜的大白菜。

大白菜非常便宜，即使贫寒人家也吃得起。而且，不管怎么做，它都是冬日餐桌上的主角儿。熬、烧、炒、扒、熘、做汤、凉拌，乃至包饺子、蒸包子样样拿得起来。

别看白菜便宜，但却雍容华贵，再大的席面也上得了，很有北京人的体面和气派。有一道"开水白菜"，清澈见底的汤里躺着一簇丰韵的白菜心儿，就像清水煮的白菜，但吃起来鲜美至极，而且价格不菲。不过，那不是北京菜，而是川菜的头牌。要说在全国各大菜系中，白菜的地位都很尊贵。比方说，由于白菜发音在粤语里就是"百财"，所以爱讨口彩的广东人常用白菜送礼，过年的宴会更是每桌必上大白菜，寓意着"财源广进招百财"。前几年我去浙江象山，正巧赶上一场民间婚礼。鱼、虾、蟹、贝一应俱全，最后一道压阵的大菜，竟然是用一个元宝形

195

状的汤盆盛的烩大白菜。在当地，白菜算是金贵的细菜。有一盆雍容华贵的烩白菜压阵，丰盛的婚宴自然也就意味着白头偕老和恭喜发财了。所以有人说大白菜是"国菜"，倒也当之无愧。

北京人吃大白菜的方式很多，其中有一种百吃不厌，那就是醋熘白菜。尽管是一道素菜，把它炒出来很容易，但把味儿做纯正了，却不省事。

做这道菜首先要弄明白什么叫"熘"。所谓"熘"，就是先把原料炸到快熟了，然后用调好了的芡汁浇到上面的方法。比如焦熘丸子、滑熘里脊等等。醋熘白菜也是一样，先把白菜炸了，然后用醋熘。现在饭店里的醋熘白菜，绝大部分不对，火候不到不说，还一股白菜臊气味儿。

选白菜当然是做醋熘白菜的头道关口。一般说来品质最好的白菜是山东产的胶州大白菜，因为帮子薄嫩、汁乳白、味鲜美、纤维细。不过用它来做醋熘白菜有点儿不对头。醋熘白菜吃的就是帮子，最好有些筋骨。所以，做这道菜还是选择北京产的青口菜为好。青口的菜叶子是青绿色的，棵大而粗壮，叶肉厚且瓷实，相对来说帮子部分比较长，韧性大，特别适合做醋熘。尽管刚下来的时候菜质有点儿粗，但经过贮藏，叶肉会变得细嫩，口味也会改善。会吃的人讲究吃什么菜用什么料，并不是越贵越好，越细越好。

一棵青口大白菜选好了，从中间一刀两断，菜头留着做汤，菜帮子就是做醋熘白菜的主料。把菜帮子一层一层掰下来，顺中间竖着用刀划开。白菜心做这个浪费了，还是留着拌着吃比较好。之后，最关键的是切帮子的刀法，一定要用刀斜着削成片儿，这是为了下一步好炸，润味儿，切的时候要保证每一片儿菜上都有半块帮子和一段菜叶儿，这才能使每一片儿菜都既有筋骨又柔嫩。

之后，炒锅里倒油，烧到七成热的时候开始炸白菜。注意了，这道菜用油多，一斤油也就炸七两菜。不过，用油多并不意味着吃油多，一斤油实际消耗也就一两左右。炸白菜的时间比炒菜长，要有耐性。白菜帮子要炸到什么程度呢？炸到您看着那油被菜吃进去，过一会儿又都慢慢地渗出来为止。炸好的白菜是微黄色、半透明的，嫩叶的边上略微有一点焦。这时候要把菜捞出来，控净了油先预备着。现在饭店做的醋熘白菜之所以不好吃，很大程度上就是因为没炸透。

剩下的油会很多，大部分您倒出来干别的，只留下一点儿用来炸花椒油。炸花椒油既是为了去除白菜的臊气，也是为了提升成菜的香味儿。别看这个花椒只是小料儿，但却非常关键。真正的厨师讲究小料儿不全不做，对成菜的味道起决定作用的往往就是小料儿，小料儿绝不能糊弄。做醋熘白菜讲究选用京西门头沟斋堂镇产的花椒，只有那儿的才又麻又香，色儿正，味儿实。要是用四川产的做泡菜的那种，有些麻嘴，却没那么香。

花椒不用多，十来粒就够。先用小火把花椒炸煳了，捞出去不要，只留下花椒油。之后用葱、姜炝锅，一闻到香气赶紧把炸好的白菜推进锅里，加盐翻炒几下之后，倒酱油，不用多，一点儿就够。还要加一点点白糖，加糖的量以刚好尝不出甜为度。最关键的一步，加熏醋。一定把熏醋淋在铁锅的内沿儿上让醋顺锅流到菜上，听到"刺啦"一声响，醋特有的香气往上一蹿，立即用水淀粉勾成玻璃芡。淀粉也是有讲究的，最好是用老干粉，才能保证色泽光亮。最后点上几滴香油，明油亮芡，一盘子淡而不薄，品相漂亮的醋熘白菜就算做得了。

如果有兴趣，还可以凑个一菜三吃。只用一棵大白菜，做出凉菜、主菜和汤。把白菜心儿切成丝，加上两勺炒红果，撒上白糖，就是一道别具特色的凉菜。

炒红果又叫糊涂膏，就是用山里红加冰糖，在微火上糗成的膏，红色透亮，甜酸爽口。如果懒得做，可以去稻香村买，价钱也不贵。

白菜头加上冻豆腐和粉丝做成汤，味道非常鲜美，如果能氽几个小丸子进去，当然就更棒了。您瞧，就这么一棵白菜，一家人就可以美美地吃上一顿，简约之至，却不失丰盛。白菜真不愧是"当家菜"呀！

早年间，冬景天的大白菜还有一种吃法，就是积酸菜，这也是受了满族人影响。清宫里冬天的吃食经常是酸菜、血肠、白肉、白片鸡在一起炖的热锅子。那时候各家人口多，入冬之后家家户户都要积上一大缸酸菜。把几十斤大白菜晾到打蔫儿，摘去老帮子、大叶子，用刀一劈两半儿，开水锅里稍微一烫，捞出来晾凉了，放到刷干净的水缸或瓷坛子里码放整齐，用一块清石头镇上两天，再加上漫过菜的凉开水，发酵半个月，乳黄色的酸菜就积得了。

清爽的酸菜，咬起来脆生生的，有一种独特的酵香味儿。用它来熬汤氽丸子、炖冻豆腐，比起吃鲜白菜别有一番滋味儿。

后来家里人口少了，积一缸酸菜吃不动，也就很少有人在家积了。可很多老北京到了冬天还是馋这口儿。想吃酸菜倒也方便，六必居这样的酱菜园子到了季节就有卖的。

别看大白菜这么普通，但它从来就不是俗物儿。著名的大文豪兼大美食家苏东坡什么菜没吃过？可他唯独把大白菜比作肥美的羔羊和猪肉，甚至认为它简直就是土里长出来的熊掌。"白菘类羔豚，冒土出熊蹯"，苏老先生这句诗里的"白菘"就是古人对大白菜的称呼。

大白菜不仅屡屡出现在诗里，而且也是大画家笔下的主题。齐白石就画过许多大白菜图，而且在其中的一幅画《白菜辣椒图》上题了"牡丹为花中之王，荔枝为果之先，独不论白菜为蔬之王，何也？"的句子，一不留神使白菜升格成了菜中之王。

最贵的一棵白菜应该是在台北故宫博物院里。我曾有幸目睹过它的真容——嫩白的帮儿，鲜绿的叶儿，活脱儿一棵鲜活欲滴的白菜呀！菜上面还爬着两只昆虫，一只是蚂蚱，一只是螽斯虫，两只小虫的须子闪闪发光，清晰可见。这就是台北故宫博物院的镇院之宝——"翠玉白菜"，据说是光绪瑾妃的嫁妆。古人用白菜来寓意新娘的纯洁，而那两只小虫则是对多子多孙的憧憬。

本来非常便宜的白菜，就这样寄托了美好的希望，升华成了风雅之至的国宝。

穷人解馋

老北京人，受当时的上流社会"旗人"的影响，都讲究个闲淡和品位，用现在的话说，叫作享受生活。天子脚下嘛！无论是有钱的还是没钱的，有地位的还是没地位的，都不能失了身份。反映在吃上，北京人的口味都比较刁。皇城根儿长大的主儿，有钱的，那是真讲究；没钱的，也都穷讲究。特别是到了清末民初，一大批曾经的名门望族渐渐破落，乃至穷困潦倒得再也下不起馆子、吃不起大席，多年养成的馋嘴习惯却难以一时改变，怎么办呢？于是许多专供穷人解馋的小吃也就应运而生了。

这些小吃有个共同的特点，原料便宜，但工艺考究，制作烦琐，卤煮火烧就是这样的典型。别看就这么一道简单粗俗的小吃，却凝聚了它的发明者和制作者几辈人的心思。

卤煮火烧是上不了席面的粗食，因为它仅仅是用猪下水煮火烧。不过呼噜呼噜一大碗热乎乎的卤煮下肚儿，味儿重油大，有干有稀，既解馋又解饱，倒是备受当时拉排子车、蹬三轮儿卖气力的贫苦老少爷们儿的欢迎。

不过，很多人不知道的是，就这么个粗鲁的吃法，它的出身可并不低贱，那可是清宫里大名鼎鼎的"苏造肉"。

有一种说法是，乾隆皇帝下江南的时候品尝到了一位叫张东官的苏州籍厨师的手艺，很是喜欢，于是干脆把这位厨师带回了紫禁城，并且还为他在御膳房专门设立了"苏灶局"。这位大师傅的手艺自成一家，善做大鱼大肉，他除了用通常做菜的调料外，还惯常用丁香、官桂、肉桂、甘草、砂仁、桂皮、蔻仁、肉果、广皮等十三味中药配伍调味，让大鱼大肉芳香醇厚，口味诱人。最绝的是，他可以按照中医的理论，根据节气的不同随时调整比例。比如，过了冬至，像肉桂、官桂这类中医所说的热性药材就要多加，而立春以后就必须减量，相应地增加广皮这类凉性的调料。

更有意思的是，这些东西他并不是直接下到菜里，而是用纱布包成个小包儿，然后煎汤。这么做一来可以防止药材的渣滓掉进菜里破坏了口感，二来也更透着神秘。日子久了，这"苏灶"渐渐演化成了"苏造"，于是苏灶上做出来的菜也就被叫成了"苏造肉""苏造肘子""苏造鱼""苏造糕"等等，而那个神秘的调料包儿也就成了"苏造包儿"，用它煎出的汤自然也就成了"苏造汤"了。不过，那时候可并没有"苏造小肠"，更没有卤煮火烧。

不知过了多少年，一来二去，这"苏造"的手艺就传出了紫禁城。东华门外专门供应大臣上朝的早点铺也卖起了"南府苏造肉"，长方片的猪肋条肉切成两寸多宽的薄片儿，整齐地排在大锅里，肉煮得酥烂，汤熬得醇香……

大概到了光绪年间，古老的帝国走向衰败。做苏造肉的渐渐用不起名贵药材了，苏造包儿里的内容也就从十三味简化成了九味，而且，好这口儿的吃主儿也大多家道中落，逐渐贫困到吃不起五花儿三层的硬肋肉了。为了适应市场的需求，卖这口儿的也就改用便宜的猪头肉代替。后来，竟然出现了用更便宜的小肠、肺头等下水，仿照做苏造肉的工艺拿各种调味儿药料做成的"卤"来煮。于是，卤煮小肠就这么诞生了。谁承想，歪打正着，这么一来，反倒让更多的穷人也能品尝上这香浓的美味。

再往后，为了适应更广大劳动群众的需要，不知是谁索性把火烧放到锅里和小肠一起煮，再加上炸豆腐，亦菜亦饭的一大碗。虽然没有什么正经肉，却着实有着很浓厚的肉味儿，这就是卤煮火烧。不但顶时候，而且很便宜，非常受那些干力气活儿的老少爷们儿的欢迎。

很多人总爱问，哪里的卤煮最正宗？这我可说不好。但有一点，地道的卤煮里头必有一片子大肉，这就是当初苏造肉留下的痕迹。北京的犄角旮旯里都残存着皇城的影子，即便是一碗粗鲁的卤煮里也有。

我对卤煮火烧的记忆是和看电视联系在一起的。我小的时候，家里没有电视，常常为了看电视从南池子大老远地走到前门外的一条胡同里我父亲的单位，看那台巨大的匈牙利电视。看过电视，饥肠辘辘地走在夜深人静的胡同里，远远地就可以闻到一家小馆儿里飘出的卤煮火烧的浓香，顿时口水四溢，于是我飞奔过去，冲进小馆儿……

小馆儿里有一口大锅一直"咕嘟咕嘟"沸腾着，锅里的老汤汁浓味厚，不知熬了多少年。可以单独要上一碗用热腾腾的浓汤浸泡着小肠、肺头和炸豆腐的菜底儿，然后根据个人的饭量和喜好单点一个或两个火烧。掌锅的伙计用菜刀背儿把煮得烂软的小肠从热气腾腾的大锅中往外挑，一挑一个准儿，然后一边捞炸豆腐，一边问："要肺头吗？"之后啪啪几刀，火烧切成菱形块儿，豆腐切三角儿，小肠切成段儿，肺头剁成小块儿，各种卤品分门别类往大碗里这么一盛，随后，麻利地用大勺从锅里舀起满满一勺浓浓的汤汁儿，慢慢淋在整整齐齐的卤品上，不多不少，将将把碗里的干货盖住。整个过程动作娴熟，干净利落。吃的时候自己还可以往碗里加上蒜泥、辣椒油、韭菜花儿、澥好了的酱豆腐和醋。端起碗来吃上一口，吸饱了卤汤的火烧韧而不黏，味道厚重的小肠醇而不腻，偶尔吃到一小块白肉更是满口浓香。热乎乎的一大碗下肚儿，顿时浑身通泰，荡气回肠，似乎每一个汗毛孔都散发出热气。至于那家小馆儿是不是就是今天的小肠陈？我搞不清了。

说到"卤煮火烧"，当然还要着重说说"火烧"，其实最初卤煮用的火烧不是现在这种半发面的火烧，而是一种叫"眼钱儿火烧"的死面儿火烧，为的是咬起来筋道。那种火烧真是要先在卤煮的大锅里煮透了，吸饱了卤汤儿，切开以后没有白茬儿，然后切成块儿，用刚开锅的热汤烫上两遍才能吃。后来大概是为了图方便，就发展成了今天的半发面的火烧，推进锅里略微煮一小会儿就给您捞上来了。其实论口味，没有原先死面的有味儿。还有一种就更简单化了，把火烧事先切好了，临吃的时候把汤往上一浇，我真不能认可这叫"卤煮火烧"。

别看卤煮火烧用料便宜，但要做得好吃，还真不容易。因为下水这东西脏气味儿重，特别是卤煮的主料——小肠，要想彻底洗净里面的污秽杂物，除去腥臊气，必须把它翻过来，把肠油摘干净了，再用盐、碱反反复复揉搓才成。稍微偷一点儿懒，煮出来的异味儿就是加再多的蒜汁儿、辣椒油也压不下去。所以，没点儿精益求精的精神还真处理不好。不过，在现在这讲求效率的时代，谁给您下这么大的工夫做呀？所以，实话实说，我觉得现在那些个商场美食街、大排档和所谓"庙会"上卖的卤煮已经不同于原本意义上的卤煮，一来是那卤汤的滋味儿不对，二来指不定干净不干净呢！

很多人都知道，吃卤煮必须吃热乎的。热乎到什么程度呢？讲究的是必须吃从滚开的锅里刚盛出来的，而且要趁热吃完，那才口口香。否则，汤汁儿变得温吞，感觉越来越腻。

卤煮，地道的吃法是不放香菜的，这不仅是因为香菜味儿搅扰了卤汤的醇厚感，更是因为一大把凉香菜往汤上一压，那汤立刻就不烫了，即使加了醋，吃起来也会觉得有点儿腻。吃到最后，碗里的东西腻味到一块儿，渐渐凝结，就一口也吃不下去了。

卤煮本是穷人解馋的玩意儿。如今，渐渐地有了名气，很多外地的朋友也想尝尝。可有两点一定要说在前头，您千万留神。

一是这东西是用猪下水做的，如果您不吃动物的内脏，千万别尝这口儿。倒不是说雅俗粗细，吃是有地域性的，不一定非得走向全国，走向世界。

记得有一次，我在一家餐厅亲眼看到，一个秀气的南方小伙子端着一碗吃了两口的卤煮怒气冲冲地找服务员理论："这是什么东西呀！这能吃吗？！""这是卤煮呀！怎么了？""这，这，还有猪肠子、猪肺呢！"那服务员一脸疑惑，大概心里想："您不知道是什么您点？"

再一个，尽管"卤煮"是有名的北京小吃，但可不是哪个小吃店都能做的。北京的小吃店大部分是清真的，人家不卖这口儿。常看见有人在清真小吃店里说："来碗卤煮。"结果售货员脸一沉，很不高兴地撅道："我们这儿没那个。"有的顾客还嫌人家态度不好。其实，这真得怨您自己。按理说，在清真馆子里，像卤煮、炒肝儿这类汉民吃法连提都不该提。清真馆子里卖的是羊杂碎汤，而绝不是"卤煮"。尽管羊杂碎汤也是穷人解馋的粗食。

幸福的珠串

　　周恩来总理出席日内瓦会议，是新中国成立以后第一次在国际舞台正式亮相。周总理特意从国内带去了两件精品让国际友人感受中华文化之美。一件是被周总理誉为"东方的罗密欧与朱丽叶"的新中国第一部彩色电影——越剧《梁山伯与祝英台》，另一件就是地道的北京特产——冰糖葫芦儿。

　　一尺多长的竹签子上从大到小穿着十来个鲜艳的山里红，外头裹着薄薄的一层金黄如琥珀、透明似玻璃的冰糖衣，看上去珠光宝气。咬上一口，酸甜酥脆。每到冬天，"葫芦儿——冰——糖的嘞！冰——糖——葫芦儿的

210

嘞……"的吆喝声就会荡漾在京城纵横交错的胡同深处，和北京人所特有的那种悠闲、安然的市井生活融为一体，成为这座城市不可或缺的组成部分。

一般来说，北京的小吃多属于"穷人解馋"，可这冰糖葫芦儿却有点与众不同，它可是既有钱又有闲的人士玩儿出来的精致美味。过去，北京小妞儿跳皮筋儿的时候唱个顺口溜儿："半膘子，吴大少，卖糖葫芦儿是玩票。"说的就是这个故事。

大概是清末民初的时候吧，北京西城有个吴家大宅门儿，府上有位大少爷，兴许是吃饱了没事图个乐子，看见庙会上有卖用长长的荆条穿着山里红做成的大糖葫芦儿的，就回家把乒乓球大小的山里红、海棠果用刀割开，剔去核，然后塞上枣泥、山药泥、豌豆泥。这还不算，还要用瓜子仁儿在露出来的馅儿上镶嵌出一朵朵小花儿，再用一尺长的竹皮做成签子穿成葫芦儿串儿。之后，用又薄又浅的小铜锅放文火上把冰糖熬化了，把穿好了的葫芦儿串儿往锅里滚一圈蘸满糖液，取出来放在冰凉的青石板上晾凉了——冰糖葫芦儿就这么诞生了。

冰糖葫芦儿可以说是真正意义上的糖果，因为它是既

211

有"糖"又有"果"。除了上面说的那种山里红，还有一种山药的，就是把山药去了皮，钻上大大小小的窟窿，塞上枣泥，再按上用山楂糕和青梅切成的小丁儿，蘸上冰糖以后，琥珀里裹着的白色山药上，红、绿、黑三色相间，那叫一漂亮！

吴大少爷玩儿着玩儿着，就做起了买卖。没事时，让仆人挑着挑子满胡同里转悠，他自己跟在后头吆喝：

"葫芦儿——冰——糖的嘞！
冰——糖——葫芦儿的嘞……"

结果他卖回的钱连本钱都不够，要不怎么叫"半膘子，吴大少"呢？不过这么一来，生意倒是相当的好，吴大少爷心里蛮乐和。

可后来不知怎么的，吴家就败落了。吴大少爷没了钱，也没了营生。当初吃他便宜糖葫芦儿的老街坊们感念他的憨厚，给他攒钱开了个干果铺，主要卖冰糖葫芦儿。每天他一开门儿，那些吃过他便宜冰糖葫芦儿的老街坊们就来捧场。开张没多少日子，他的冰糖葫芦儿就名满京城了。有钱的人以吃他做的冰糖葫芦儿为时髦，没钱的也开始跟着仿效。慢慢地，这冰糖葫芦儿就成了雅俗共赏的北京特产了，品种也越来越多。其中一种，将整个的橘子穿上，像个小锤子，就是北京人叫的"糖墩儿"。顺便说一句，天津人把所有的糖葫芦儿都叫糖墩儿。

糖葫芦儿做起来也讲究个手艺。剔山里红的核有种专用的工具，样子有点像冲子，可以很容易地把核剔出去。我小时，有家街坊是做糖葫芦儿的，一次能剔一大盆山里红。穿山里红当然是先穿小的，然后越穿越大，到最上边一个才是最大个的，每个之间还要留点儿缝隙，为的是让每一个果子都能蘸匀了糖衣。

熬糖是非常关键的一步。要先将冰糖渣倒到小铜锅里，再加上刚刚淹过糖渣的清水，一边加温一边用筷子搅拌，眼见糖渣先化成白色的浆液，不一会儿咕嘟咕嘟地冒起了小白泡儿，但这时候的糖浆还不能蘸葫芦儿，要等到每一个小泡儿都刚好熬成了鲜黄透亮的地步，才停止搅拌。您可以用筷子蘸上一点儿糖液放入冷水中激一下，然后用牙咬一下尝尝，如果粘牙，还得继续熬；如果不粘牙，就证明火候到家了。接下来就得赶紧蘸。蘸晚了，糖

213

就泛苦了。

蘸糖也是个手艺活儿。要把葫芦儿坯子在糖锅里干脆利落地滚上一圈儿，让每个果子上都均匀地裹上一层薄薄的糖液，那糖薄得就像一层透明玻璃纸似的，透过糖衣能清晰地看到山里红上的斑点。糖衣蘸不匀不漂亮，可要是蘸厚了，吃着不脆不说，也盖住了山里红的本味儿。手艺高超的师傅，一斤糖能蘸出三十多串糖葫芦儿。

蘸好糖的葫芦儿拿出来，在板子上用力摔一下，放一边晾着，凉了以后，冰糖葫芦儿上会有一个晶亮透明的大糖片儿，非常漂亮。小孩子吃糖葫芦儿总是先舔这个大糖片儿。

现在晾糖葫芦儿用的板子一般已经不是青石板了，而是所谓水板儿。这水板儿其实就是一块在清水里浸泡透了的平滑小木板儿，它比石板有更好的吸水性，可以帮助糖葫芦儿定型。

吴大少爷可以说是北京城里做糖葫芦儿的祖师爷，过去北京城里几乎所有做精品冰糖葫芦儿的都得过这位爷的真传。据梁实秋先生在《雅舍谈吃》里讲，老北京东安市场里信远斋有一种最精致的，"不用竹签，每一颗山里红或海棠均单个独立，所用之果皆硕大无疵，而且干净，放在垫了油

214

纸的纸盒中由客携去"。不过没了竹签还能不能算糖葫芦儿？我有点怀疑。

当然，穷人是吃不起精品糖葫芦儿的，可又想解馋，怎么办呢？就有了很多简易版的糖葫芦儿。最经典的就是只用山里红，把核剔了穿成串，用冰糖蘸了，吃起来倒也酸甜可口。后来干脆连核也不剔了，就那么直接穿起来，最便宜的连冰糖都不用，而是刷上糖稀。就像您看有的电影里演的，用一个大木棍子绑上稻草，把糖葫芦儿插在上边，跟个狼牙棒似的，扛着满街走着卖的那种。这种糖葫芦儿，看上去乌涂，吃上去粘牙，和吴大少的那种是两码事。

还有一种糖葫芦儿，不是冰糖的。就是开头说的庙会上的那种大糖葫芦儿。那是用一根一丈来长弯弯的荆条把几十个山里红按上大下小的顺序穿起来，外面刷上一层饴糖，然后在最上面插上一个彩纸做的三角儿小旗儿。这种糖葫芦儿主要是用来看而不是吃的，象征了团圆和成串的幸福，是一道渲染节日气氛的民俗风景。

飘雪的季节里，胡同深处传来了悠远的吆喝：

"葫芦儿——冰——糖的嘞!

冰——糖——葫芦儿的嘞……"

多么富有诗意的北京呀!

腊七、腊八儿，冻死寒鸦儿

腊七、腊八儿，

冻死寒鸦儿。

腊月初八的北京城，进入了一年当中最寒冷的时节。风一阵紧似一阵，胡同两侧的四合院笼罩在青灰色的严寒里。紫禁城外的筒子河覆上了两尺多厚的冰盖子，大雪笼罩的红墙金瓦也显得格外肃穆、庄重。也就是从这天起，北京人开始了对春天的憧憬。因为，过了腊八儿就是年了。

腊八儿曾经是一个非常重大的节日。"腊"字的本

217

义，就是猎取禽兽的肉，用以祭祀先祖的意思。直到汉代的时候，仍以冬至之后的第三个戌日作为正式的"腊日"，在这一天要祭祀百神。不论是祭祖还是祀神，反正都是重大祭祀活动。因此，这一天所在的月份才称"腊月"。后来腊日逐渐固定在腊月初八这一天，才有了"腊八儿"节。

腊八儿节里自然是少不了腊八儿粥的，暖暖和和地喝上一碗腊八儿粥，既应了典故，又滋养了身心，实在是桩美事。不过，全国喝腊八儿粥的地方很多，这还算不上是北京特色。北京人在腊八儿这天有一件必做的事儿，就是腌腊八儿蒜，这可算得上是地道的北京习俗。

在腊八儿这天把大蒜剥了皮，用醋腌在小罐子里，等到除夕开了封，窗外是冰天雪地，盘中的蒜却碧绿如翡翠，带给人第一缕春的生机，这就是腊八儿蒜。本来是辣舌头根子的大蒜变成腊八儿蒜，吃到嘴里成了甜丝丝的味儿，解腻爽口，实在是过年的佳品。而那浸泡过蒜的腊八儿醋，融合了浓郁的蒜香，酸中带辣，是吃饺子、面条儿、肉皮冻儿和豆儿酱的绝配。

泡好的腊八儿蒜有了醋的酸甜，而不再是死辣的蒜；腊八儿醋有了蒜的香辣，而不再是死酸的醋。醋和蒜充分交融，摒弃了各自的缺欠，吸收了彼此的长处，产生了两种相互关联的美味，也给严冬里的北京人带来了生活的情趣。一罐腊八儿蒜，可以一直吃到"七九河开"，柳条返青。腊八儿蒜吃完了，春天也就到来了。

至于腊八儿为什么要腌蒜？我没有仔细考证过。据说过去北京的买卖人家儿多，经常有个资金往来，街里街坊的，赊账也在所难免。因为清代旗人是由朝廷定期发钱粮的，买卖人知道旗人有旱涝保收的"铁杆庄稼"，也都愿意把东西赊给旗人。一来二去，逐渐形成了北京商业特有的赊账风气。从另一个角度看，这也是北京人建立在熟人社会基础上的一种诚信大度的理念。

到了年根儿底下，做买卖的都希望让赊账的尽快把钱还上。可北京人讲究个有礼有面儿，这要债的事怎么张得开嘴呢？不知哪位聪明人想出了办法，就用醋泡上罐子腊八儿蒜送过去，因为大蒜的"蒜"和算账的"算"同音，而"醋"又与催促的"促"同音，催促人家"过了腊八儿可就是年，您也该算算账了吧"。要不怎么北京有句老话儿叫作"腊八儿粥、腊八儿蒜，放账的送信儿，欠债的还钱"

呢？后来因为腊八儿蒜的口味太别致了，渐渐地失去了催账的功能，演化成自家腌着吃的美味了。是不是真有这么回事，我不敢确定。但用腊八儿蒜当作催债的提示，的确符合老北京人的礼貌和分寸。而且，过去北京有卖糖蒜的，但却没见过卖腊八儿蒜的。也是，催人还账本来就是不能吆喝着卖的事。

腌腊八儿蒜并不难，无外乎醋、蒜、罐子三样东西。别看简单，想腌出个样儿来却也有些门道。

首先得说这醋。我吃面、吃饺子喜欢用陈醋或熏醋，但泡腊八儿蒜最好用那种橙黄色的米醋。因为米醋颜色清淡，口感酸爽，不像陈醋那么厚重。用它泡出来的蒜也是湛青碧绿的，看着透亮，充满了灵气，吃起来口味甘甜、爽利。如果是用色深的陈醋或有焦煳味儿的熏醋，泡出的蒜不够透亮不说，吃起来也没用米醋泡的口味正。而用陈醋或熏醋泡出的腊八儿醋也显得没有米醋泡的蒜香浓郁。

其次，再说说泡蒜的器皿。不管用什么罐子或瓶子，一定要清洗干净并晾干，为的是不让醋里掺杂水分。腌的时候要先放进去小半罐子蒜，然后把准备好的醋倒满，封好盖子，就齐了。这里注意一个细节，这个盖子最好不用金属的，因为醋的酸气会腐蚀盖子，很快生锈，落到醋里，就不好吃了。如果只能用那种螺口的金属盖子，您不妨在盖子里头垫张棉纸。至于用什么材质的器皿，我以为最好是用透明的玻璃罐或广口的大玻璃瓶，放在有阳光照射的窗台上。当一缕冬日暖阳掠过，欣赏浸泡在醋里的大白蒜瓣儿渐渐变绿，宛如看到它成长的过程，是冬日里一种特有的享受。

最后，说说最关键的——蒜。泡腊八儿蒜最好是选用紫皮的山东大蒜，这种蒜尽管个头儿比白皮的要小，可蒜瓣儿却显得瓷实。用这种蒜泡出来的腊八儿蒜看上去就像一粒粒翡翠豆儿似的，吃到嘴里是嘎嘣脆。如果是用一般的白皮蒜，尽管个头大点儿，但泡出来的腊八儿蒜看上去发乌，吃起来有点儿艮。不过，紫皮蒜近些年不太容易买到了，据说是因为产量低的缘故，那也就只能将就着改用白皮蒜了。

剥蒜皮可是个极精细的活儿，一定要非常精心地把附在蒜上的那层薄膜轻轻地揭去，如果一不小心指甲划伤了蒜，这瓣蒜腌出来后就会在划伤的地方出一个大黑道子，也就不再是那颗完美的翡翠豆儿了。最容易出错的是处理蒜的根须，要用手轻轻地择干净，不能使劲往下愣揪，那样会把连着的蒜皮一块揪下来。更不能用刀切，一旦碰破了根，出不了几天蒜就烂了。

那么，怎么才算腌好了呢？要看腊八儿蒜是否变绿。变绿了，口味就是对的，不变绿，就出不了腊八儿蒜的味道，而且是绿得越好看，蒜就越好吃。普通的蒜，就这么变成了奇珍异宝。怎么样，不容易吧？腌腊八儿蒜尽管简单，却也体现了北京人对于生活的精致与精心。

现在农贸市场上有一种蒜，看上去蛮漂亮的，又大又饱满。可不论您怎么腌，它都不会变绿，而且吃起来一点儿腊八儿蒜的味道也没有。我就纳了闷了。心想："我这泡法几十年没变过呀！可它怎么就不绿呢？"为此，我特意去请教了种过蒜的农民。人家告诉我说："那是为了好卖，防止蒜长芽子，用激光照了一遍。这样的蒜，一般吃起来感觉不到有什么区别，甚至腌糖蒜也没问题。但它再也不会长芽子了，等于把它给照死了。死蒜，怎么能泡腊八儿蒜呢？！"

我恍然大悟，原来，腊八儿蒜之所以能变绿，是因为它是活的，是有生命的！难怪在肃杀的严寒里，腊八儿蒜给人们带来了绿色的希望！

也许幸福就像一瓣腊八儿蒜。

过了腊八儿就是年

小孩儿小孩儿你别馋，过了腊八儿就是年。

腊八儿粥，喝几天，哩哩啦啦二十三。

二十三，糖瓜粘。

二十四，扫房日。

二十五，炸豆腐。

二十六，炖羊肉。

二十七，宰公鸡。

二十八，把面发。

二十九，蒸馒头。

…………

这首童谣生动地描写了北京人过年前的准备，尽管忙碌，但却有条不紊，而且充满了乐趣和希望。在这些烦琐却温馨的准备当中，很大一部分是在准备过年的吃食。因为从初一到初五都是串亲戚的日子，家里人来人往的，这吃的东西就必须提前预备出来。所说的"二十九，蒸馒头"那可是要蒸出够一大家子人几天吃的大馒头，以备不时之需。

不过，和蒸馒头紧密相关的还有一项很重要的准备工作，童谣里没有唱出来，就是炸丸子。每到过年，北京人都要炸出一大盆丸子预备着。直到现在，我家还有这个习惯。

炸这种丸子要往里搓馒头，就是把晾凉了的大馒头搓碎了揉到猪肉馅儿里，然后加上葱末儿、姜末儿和盐、酱油、料酒等小料儿一起使劲搅和匀了，团成乒乓球大小的肉丸子下到温油锅里炸。之所以加馒头渣儿，为的是炸得的丸子暄腾，吃起来外焦里嫩。刚炸得的丸子干香适口，直接吃就很香，要是蘸上点儿用蒜泥、黄酱、甜面酱、虾皮、香油调配好的所谓"老虎酱"就更地道了。炸过的丸子，装在一个干净的大盆里盖好，放在院子里，随吃随取。

北京的年夜饭上必有丸子，因为丸子象征了合家团圆。一般人家，过年期间的餐桌上也几乎顿顿有丸子，这主要是图省事，过年期间人来人往，常常要吃流水席，没有太多的时间张罗饭菜。抓十几个丸子稍微过一下油，用锅烧一点儿炖肉的汤汁儿，勾上芡，下锅一熘，撒上把香菜，一盘漂亮的熘丸子就做得了。

当然，不仅是丸子，过年的餐桌上是冷、热、荤、素一应俱全，特别是平时不怎么吃的大菜，比方说米粉肉、扣肉什么的，这天都得上齐了。过年嘛，就是要丰盛点儿，预示着来年生活美满。餐桌上必须要有红烧鲤鱼，以示年年有余。也可以是别的鱼，但必得是有头有尾，完整的一条。切忌不可以是切碎的鱼，比如炖带鱼。

另外有两道小菜必不可少，一是芥末墩儿，另一样是豆儿酱，非常有北京特色，而且也跟炸丸子一样不能现吃现做，必须提前预备出来。

先说说芥末墩儿，这是一道解油腻的小菜。别看它不起眼儿，但却是北京人过年餐桌上的首席素菜。

一到腊月二十七、二十八，家家户户就开始预备芥末墩儿了。首先要挑选瓷实的青口大白菜，去了老帮子，取中段儿切成一寸厚、一寸多粗的圆墩儿，用马莲草转圈儿扎紧了。烧一锅开水，用笊篱托住，逐个焯得半生不熟的。焯的时间不能长，否则菜就烂成了泥，没了脆生劲儿。

把焯好的菜墩儿趁热装进小瓷坛里码整齐了，码一层菜墩儿涂抹上一层芥末糊和白糖……直到摆满多半坛，然后把焯菜墩儿的水晾一晾，打去浮沫儿倒进坛里，赶紧把盖子封严实，外面再用小被子裹住。之后，把封好的坛子放在屋里暖和的地方捂着，让芥末的辣味儿充分发透了。过个两三天打开，芥末的辣味儿就冲鼻子了。吃的时候，把一个个牙黄色的小墩儿整齐地码在盘子里，点上米醋和香油。吃一口，甜酸清脆，开窍通气，痛快！过年时吃足了大鱼大肉，解油腻就全靠它了。

另一样必不可少的小菜是豆儿酱。虽是小菜，做起来可真还有点儿麻烦。首先把猪肉皮洗干净了翻过来放在菜墩子上，刮净肉皮内面上的油脂，再用镊子把肉皮上的毛一根一根全拔干净了。这可是个细活儿，要拔得一根不落，要不吃起来就扫兴了。

处理好的肉皮用开水焯了先预备着。黄豆要事先泡上两三个钟头，再用水煮到熟而不烂的程度。还要准备胡萝卜、白豆腐干、水疙瘩，都切成小色子大小的方丁儿。

烧一锅开水，先放进去花椒大料包儿、葱段儿、姜片儿

227

煮一会儿，再下入焯好的肉皮，先旺火后微火，等到肉皮软了，捞出来切成小方丁儿，顺便把葱姜和料包捞出来扔了。这时候再把胡萝卜丁儿、白豆腐干丁儿、水疙瘩丁儿和肉皮丁儿一起推到肉皮汤里，加上盐、酱油、料酒煮上一刻钟，离火后倒在盆里晾着。过上一宿，凝成了冻儿，就大功告成了！吃的时候切上一盘子，酱红的颜色透着庄重，吃起来清凉嫩滑，再点上一点儿腊八儿醋，渗起酒来，比大鱼大肉更为美妙。

　　吃的最高境界是和谐。一盘儿芥末墩儿，一盘儿豆儿酱，虽然是两样小菜，却让北京人节日的餐桌体现了和谐，平添了情趣。每当吃到这两样小菜，就让人回味起京城那浓浓的年味儿。

新年头一口儿

　　大年三十吃水饺，这好像是过年的传统，起码长江以北的大部分地区都是这样。但确切说来，地道的北京人不是这样的。

　　过去有个童谣这么唱：

　　　　新春正月过大年，吃点儿喝点儿解了馋。

　　　　初一饺子初二面，初三合子团团转；

　　　　初四吃米饭，破五的饺子要素馅儿；

　　　　初六初七需吃鸡，初八初九牛羊肉；

　　　　初十吃顿棒子粥；

十一吃鱼，十二吃鸭；

十三围坐吃对虾，十四大碗打卤面；

十五家家闹元宵，打春要吃春卷炒鸡蛋。

说的虽然未必精细，但大体反映了北京春节期间的饮食习俗。那北京人什么时候吃饺子呢？是大年初一刚过了子时，俗话叫作"五更饺子"。所以说，这才是北京人新年头一口儿。顺便提一句，老北京人受旗人的影响，不把饺子叫"饺子"，而是称为"煮饽饽"。一直到了民国以后，才逐渐改叫"饺子"。

对于中国人，特别对北方人来说，吃饺子本来不是什么新鲜事儿。但北京人的这顿"五更饺子"还真有些个特殊，因为无论是平民百姓还是富贵人家，吃这顿饺子都得是素馅儿的，因此又叫作"全素煮饽饽"。这是规矩，至于为什么，有多种解释。

一种说法是因为这饺子最重要的功能不是给"人"吃的，而是给"神"吃的，所以又叫它"请神饺子"。传说除夕晚上诸神下界考察人间的善恶，大概神仙们以素食主义者居多吧；也有一说是为了取个"素静"的意思，希望新的一年全家人安安稳稳，素素静静的；还有一说是这新年头一口儿必须吃素，是为了体现在新的一年里要自律和净化心灵。不管怎么样，这素馅儿饺子倒是凑巧合了现代科学饮食原则。除夕年夜饭尽是大鱼大肉的，未免太油腻了，吃上口清口解腻的素馅儿饺子，是非常好的调剂。

每到除夕九十点钟，丰盛的年夜团圆饭结束了。孩子们忙不迭地打着灯笼跑到胡同里放花炮，忙碌了一年的老少爷们儿也是难得聚在一起聊聊家里家外的大天儿，而女人们却还是闲不下来，必须把锅碗瓢盆全用碱水烫干净。因为，根据北京的老礼儿，既然这大年初一头一口儿要吃素的，那么包饺子、煮饺子、盛饺子用的器具也不能沾上荤腥。一过夜里十点多钟，各家各户就会传出"当当当，当当当"的剁馅儿声，宛若"过年交响乐"。"五更饺子"的馅儿需要在半夜十二点前和好了预备着，因为过了"子时"就是大年初一，这一天是不许动刀的。

全素饺子的馅儿其实并不比肉馅儿便宜，准备起来也比肉馅儿麻烦得多。道理很简单，因为这馅儿的内容丰富，加工的方法不但精细，而且是各不相同。

胡萝卜要先用礤床儿擦成丝，然后用开水焯了攥干再剁

231

烂。大白菜要用刀剁，加些盐杀出水分后再用屉布裹着挤干水分。其他诸如香菇、黄花、木耳、粉丝之类的干货自然是要先发好，再细细地切。还可以放一些切得细碎的冬笋、面筋、白豆腐干，撒上些芝麻。除此之外，拌素馅儿还必须加上搓碎了的排叉或是切好的油饼或油条，为的是起到调和作用，让素馅儿吃起来口感柔润，而不至于渣渣粒粒的。这些主料预备好了，就可以调配上盐、酱油和素油，搅拌成咸淡可口、松腻适度的全素饺子馅儿了。尽管是素馅儿，一样自然而然地融入了"食不厌精，脍不厌细"的理念。

要注意的是，按照老规矩，这个馅儿里可以放姜，但不能放北京人喜欢放的葱、蒜和韭菜，因为这几样东西虽然不是肉，但却算是"荤"的。据说草字头的"荤"字原本指的就是这些有刺激性的植物，而大鱼大肉严格地说算作"腥"的，这就是"荤"和"腥"的区别。不过要是没那么讲究，切上几根冬韭，清馨走串，必定鲜美无比。

过了十二点，一家人就开始忙活包饺子了。和面、擀皮儿，和平时没什么两样，只是要注意做剂子千万不能动刀，必须用手揪。

包"五更饺子"的过程很有讲究，即便是再富贵的人家，包"五更饺子"的时候也要全家上下老少一起动手，每个人都得包上几个，为的是体现一家人的团结和睦，齐心协力。再说，包饺子的过程也是全家人在一起交流的过程，一年里的疙疙瘩瘩，在这温馨的氛围里，也解了一大半儿了。

包饺子讲究薄皮大馅儿，但要想把这素饺子包得薄皮大馅儿还真要有手艺。一来是因为素馅儿比荤馅儿散，放多了饺子皮不容易捏上。更重要的是因为吃这新年头一口儿的饺子还有个特定的"节目"，就是包饺子的时候要把洗净的十枚硬币和十颗小枣儿包进馅儿里。据说如果谁吃的时候"嘎巴"一声咬到了钱，那他这一年肯定财运滚滚；如果咬到了枣儿，那就是这一年里最有福气的人了。这个风俗直到现在依然留存，一来，图个吉利，二来，孩子们为了能咬到钱和枣儿，会努力多吃几个饺子。因此，为了防止下锅煮的时候包在饺子里的"财"漏了，"福"跑了，就必须把这饺子捏得格外结实，所以，每个饺子的边上都捏上一排密密的一个压一个的小褶儿，像花边似的，这样，心里踏实了，看着也喜庆。有人觉得包一顿素饺子下这么大功夫是不是有点儿矫情？其实过年过的不就是个仪式感吗？下功夫，说明对这顿饭高度重视，也是对这个节的敬畏之意，进而更是对一家人团团圆圆的无限珍惜。

饺子包到一半的时候，小孩子们已经打着灯笼出去疯跑、放花炮去了，回来的时候，热腾腾的饺子已经出锅了。

煮得的饺子自然要先给神仙们供上，兴许这时候忙活了一宿的神仙也饿了？不过神仙不贪嘴，供桌上只供三碗，每碗五个素饺子就够了。早年间有的人家还要搞个接神仪式，后来逐渐也就淡化了。仪式过后，全家人到院子里燃放成挂的钢鞭和二踢子，互道"新禧"，回到屋里长辈接受小辈磕头拜年。当然了，头不能白磕，总得赏点儿"压岁钱"。之后，全家人就可以聚在一起吃这新年头一口儿——热气萦绕的素饺子了！

北京人吃饺子一般是要蘸醋的，而且根据馅料的不同，所蘸的醋是不一样的，这才是吃饺子的画龙点睛之笔。比方说，吃菠菜饺子要蘸芥末醋，吃羊肉白菜饺子要蘸蒜泥醋，吃韭菜饺子要蘸姜末醋。冬天最常吃的猪肉白菜饺子当然是要蘸腊八儿醋，就上几瓣翡翠一样的腊八儿蒜了。不过，这顿"五更饺子"可就不能这么吃了，因为蒜是荤的呀，腊八儿醋自然也算是荤的了。吃"五更饺子"只需要老陈醋加上几滴香油就够了。

晨曦微露，刚刚吃过"五更饺子"的北京人，走出了胡同，或是去拜年贺喜，或是去东岳庙、白云观祈福求平安。

新的一年，就这么带着期盼和希望开始了，北京人的心里透着敞亮。

附：北京的味儿从哪儿来

张 翕

崔岱远先生的《京味儿》，被书香榜推荐以后，受到广泛的赞誉，甚至有点超出我的想象。素净的封面，十来万字儿的小册子，怎么就那么那么耐读呢？

当然，对这样的小书，您也不必太正式地阅读，也不必太急着读完，更不必抽出整块时间正经八百地读。就像是品一道菜，或者欣赏一幅画儿，随时抽点儿时间，读上一两段儿，都让您咂咂嘴，品品味儿。每一篇都能让您想起点儿什么，却又不必下什么决心定什么目标，读着读着，您一定也读出了其中的味儿。

236

对呀，《京味儿》是写吃的，写老北京生活中平平常常的吃食，什么东西怎么做，怎样吃，只要是崔先生提到的，必定细细描摹；《京味儿》又不仅仅是写吃的，老北京人的讲究在吃上是最充分的体现，却已经上升为生活态度，精神境界，乃至被台湾美食作家叶怡兰称为"行为艺术"也不为过。

什么是春天里寄托了美好憧憬的第一口吃食？春天是可以实实在在用牙齿咬到的吗？农历三月三，老北京必定吃的一口儿是什么呢？北京的头牌菜，不是山珍海味，是最最便宜却极难做得地道的羊尾油炒麻豆腐，想不到吧？煎鸡蛋，谁都会？您知道老北京的煎蛋有多少味道？水煎茉莉蛋，您尝过吗？似糕非糕，似羹非羹，状似凝脂，醇香扑鼻的"三不粘"也不过是煎鸡蛋的一种哦。为什么说北京人离不开芝麻酱？伏天的杏仁豆腐，冬天的面茶，都是怎么吃的，您说得上来吗？烧茄子比肉贵，这说法可不光在《红楼梦》里，崔先生从小就这么认为的，他家的烧茄子怎么就比肉贵了呢？挂炉烤鸭您在烤鸭店里见过是吧？可您知道那挂着的鸭子肚子里已经灌了水，外烤内煮，鸭子才外焦里嫩吗？荤里素的爆肚儿，素称荤的炸灌肠，自来红和自来白，火烧和烧饼它们的区别，您分得清吗？

北京本来是一座移民城市，所有的北京人都不能说是祖辈世居，只不过是早些年移居于此，还是晚些代移居于此。住了几辈子，就可以称作老北京了。我虽然从小在北京长大，却不是老北京。记得读硕士的时候，有一位师兄是老北京，课余常说起他们家的讲究，比如遛弯儿，不是您随便出去走一走就叫遛弯儿的，您得在固定的时候，沿着固定的线路，甚至带着固定的物件，比如鸟笼子——那才叫遛弯儿，您饭后走走，那只能叫散步，跟遛弯儿是毫无关系的事儿。再有，记得那位师兄津津乐道讲他姥姥怎么养君子兰，言语之间透露着一股家传的孤傲。我早不记得他说的君子兰的养法，眉宇间的那份天子脚下的气派却挥之不去。听得我常常觉得很羡慕，觉得他小时候的生活很讲究，而我们这些父辈移居北京的人，就不懂那么多规矩了。小时候觉得规矩是件很麻烦的事情，现在却颇为向往，因为这些老规矩虽然过时，却是一种文化的积淀。老家儿让我们这样做，那样做，一定是有他的道理的，只有细细揣摩了其中的道理，你才有资格决定取舍。连规矩都不清楚，还有什么资格对祖上的传统说三道四？

崔先生的《京味儿》虽然说的是吃，吃出品位，吃出文化，无非体现在吃食的讲究上，这讲究不在食料的贵重，而在制作的精细。像涮羊肉，小料儿不全，大厨师傅是不做的。有些吃食，配料不全，食客根本就不吃。好些吃食，不光制作精细，吃也很有讲究，比如涮羊肉不光讲究涮的手法功夫，连涮什么的顺序也颇为讲究；再比如爆肚儿，不光讲究吃的顺序，还得一小盘儿一小盘儿地上，讲究的是吃的每一口儿都是热的。

　　说白了，这些吃中体现的文化，也不过是规矩，可能有少数是过时的，但大多数都有意义。因为那是先人为了生活得更好而创造的方法，被一代代继承和发扬，流传下来而成了规矩。不同民族，不同地域，不同等级的人之间融合，成就了这一方独特文化的交融与共享。北京的规矩或者说文化，更多地体现在吃上，与北京的地域文化，历史背景息息相关，毕竟清朝两百年的都城，皇城根儿的子民自有他的尊重和礼仪。

　　我们不能否认近些年北京作为首都日新月异的发展，恰恰相反，北京正形成新的文化气质，但老北京很多优秀的文化传统，也有许多值得守护的东西。守护的不一定是什么吃食，而是一种值得留住的生活态度，精神状态。

刚刚送了一本《京味儿》给一位伯伯，一位七十岁的老北京，问我为什么，我只告诉你——他永远慢条斯理，永远彬彬有礼，永远干净整洁，永远精致细腻，永远成人之美，永远平淡随和，也永远令我肃然起敬。这也是我在《京味儿》中读出的共鸣。不光是吃食，那是一种生活态度，一种精神内涵。它源自爷爷的爷爷开始的生活方式，源自从小妈妈的妈妈的教化修养，源自崔岱远本人作为一个文化人的阅读和知识积累，源自这个城市独特的个性和味道。

后　记

写这本书的直接起因是和几位书业同人在杭州太极茶楼的一次闲谈。当时由茶而扯到了吃，扯到了怎么做，怎么吃。没想到我顺嘴说出的，自认为是平淡无奇的几道北京菜的做法和吃法，竟被朋友们笑谈为"吃经"，进而鼓动我写成书出版。

这些不登大雅之堂的"市井俗事"会有人读吗？我怀疑。于是试着写了两篇发在博客上，不想，写起来感觉非常顺手，而且没过两天点击率竟过了万。

我是那种现在为数不多的、地道的北京人。因为，我是在紫禁城朱红色的大墙边儿上长大的，我爷爷、我爸爸也都是在那儿长大的。小时候，夏天的每个黄昏我几乎都在天安门前那两个石狮子的肚皮底下钻来钻去，直到最后一抹晚霞飘落在西长安街的尽头；冬天的每个清晨我都能看到夹杂着两三只点子的成群白鸽掠过东华门巍峨的城楼，徘徊在筒子河清冷的上空，那萦绕着紫禁城的阵阵鸽哨声，回荡在我的耳边，直到今天。

北京的很多东西，特别是每天都离不开的吃食，在我本是司空见惯。然而，蓦然回首，那些地道的手艺，纯正的滋味，几辈子人琢磨出来的精致玩意儿，不知不觉间竟然都"沦落"为文化遗产了。

我并不想肩负起"传承"的重任，但确实觉得，许多东西很值得记录下来，尽管仅仅是蜻蜓点水，却足以让人们能联想起那个正远离我们而去的北京，那个渐渐消逝在各种"风"里的北京，那个永远残存于我魂魄里的北京——那是我的故乡！

这本书，是一个北京孩子为他无限眷恋着的那个记忆深处的北京所做的一点事，书名就叫《京味儿》吧！

我是做编辑的，对于做菜，实在是个外行，所以书里一定没少露怯。好在编辑和厨师差不多，都是把各种原辅料按一定的思想和规矩拼起来，其成果从完成的那一刻起，就是让人品评的。所以，如果能有人批评几句，实在是件大好事。

最后，衷心感谢那几位书业同人，启发我用了许多夜晚在灯下为我心中的北京手起指落，面对着屏幕上余韵未尽的京味儿，我每每心中怅然；衷心感谢本书的责任编辑张荷老师，不但在百忙之中为本书付出了艰辛的劳动，而且提出了许多中肯的建议，让作为同业晚辈的我受益匪浅；衷心感谢我的爸爸妈妈，二老戴着老花镜认真地看了初稿，并且补充了许多精细的素材，让本书活色生香。

当然，更应该感谢的是您——本书的读者，如果您抽空儿翻阅了几篇之后，觉得其中的京味儿还有些值得回味之处，我欣慰！

崔岱远

2008 年仲秋之夜于北京

增订版后记

七年前那个深秋，我满怀欣喜从生活·读书·新知三联书店抱着二十本《京味儿》的样书回家，像抱着一个难产的刚刚出世的孩子。那时候我没有想到，七年后我能有机会再次敲击键盘，把光标定位在屏幕正中，打出"《京味儿》增订版"这几个字。

七年间，这本关于北京的小书给我带来了太多的没想到：没想到认识了那么多和我一样深爱北京的好朋友，没想到被邀请做了那么多关于北京的广播电视节目，没想到会有好几万喜欢《京味儿》的读者，没想到让我有信心一直在不停地写着关于饮食，关于北京的书……

如今要增订《京味儿》了，却发现很多本以为长存的字号已然不在，本以为不变的味道已经没了味道，本以为熟悉的店铺已经不知去向，本来想加进去的新店已是从生到死……下一个七年，《京味儿》里还能留下点儿什么呢？

北京是否还需要京味儿呢？

二〇一一年的一个下午，在三联书店二楼的咖啡馆，我见到了从微博上认识的《中国之翼》主编冯江。她邀请我为这本国航乘客必看的杂志二百期纪念版写篇文章，来对应邓友梅先生在第二期发表的那篇名作《漫说北京》。我问：为什么找到我？她轻声细语答道："您的《京味儿》写得多北京呀！"记得那篇文章里我特意写了这样的话："不错，北京应该成为世界大都市，但每一座大都市都必须有自己独特的个性才不至于泯然众城。我想，北京首先得是有京味儿的北京，然后才能成为世界的北京。"

《京味儿》繁体字版在我国台湾出版的时候，引得不少海峡彼岸的同胞带着这本书来到北京，寻觅从爷爷奶奶的回忆里才听到过的京味儿。记得台湾作家张典婉女士辗转找到我，很是激动地对我说：这本书里写的炸酱面就是她小时候在父母亲的挚友林海音阿姨家吃过的炸酱面，那味道曾经让她魂牵梦绕，和现在餐厅里卖的大不相同。文化的力量真不得了，竟然能把我和那位道出北京浓浓诗意的大作家瞬间联系在一起。

一个很偶然的机会，我发现《京味儿》竟然由"国家彩票公益金"资助翻译成了盲文版。于是特意大老远地跑了趟卢沟桥，从出版社买回两本厚厚的牛皮纸盲文书，一本留作纪念，另一本送给了北京按摩医院的一位盲人大夫。他捧着书差点儿落下泪。他说中央人民广播电台啸岚、小马播的《京味儿》他特别喜欢听，可他没想到作者就是他的患者，更没想到这么有生活味儿的书竟然也能出成盲文。

还记得一次读书分享会后，读者席上走过来一位头发花白的老太太，满脸笑意拿着本翻旧了的《京味儿》让我签名："您这书我看了好些遍。还以为您是位老先生呢，没承想这么年轻呀！我是朱家溍的女儿。您书里的那些说法做法和我父亲当初念叨的一样，透着那么亲。"

二〇一五年冬天，老舍茶馆的当家人尹智君女士邀请我和王作楫、刘一达二位写北京的作家一起帮她撰写的北京市人大代表提案出谋划策，希望能让弘扬京味儿文化成为政府的一项政策，促进首善之区和谐社会的建设。大伙儿都觉得京味儿文化是一代代北京人在生产生活中凝练出的优秀物质文明和精神文明的结晶。那份提案里还特意提到了三联书店出版的这本《京味儿》七年七印。早春的时候，市人大表决通过了政府工作报告，"传承京味儿文化"成为其中的大亮点。

这些事，一桩桩，一件件，让我思索北京的魅力究竟何在。我以为北京的魅力就在于能接上地气的皇城文化。涮羊肉、白煮肉、卤煮火烧……这些不都是从紫禁城里传出来，落到民间，接上地气的吗？北京的魅力就是东西南北文化的荟萃。大名鼎鼎的北京烤鸭里不也凝聚着一部沿大运河流传的南北风俗史吗？

书，是为读者写的。《京味儿》能够增订再版，说明读者喜欢。也许喜欢的并非文字本身，而是书中提到的那些真正的手艺、地道的滋味吧？毕竟有那么多人和我一样眷恋着这座不朽的城。不仅因为这里的房屋街道，还因为一种也许闻不到，却能真切感受到的独特味道——那是京味儿！融在几代人骨子里，抹不掉。

只是曾为这本书提供了大量精细素材的我的父亲已经永远离我而去。他生在这里，长在这里，经历了从小平房儿的北平到钢筋水泥的北京的全过程，他和他不离嘴的那个老北京已经成了我心底永远的痕迹。我的母亲也不可能再戴着老花镜帮我看样张了，而只能在收音机里听到我的声音："这又是在哪个台说你那本《京味儿》呢？"

这个夜晚，我愿意为这座我深爱的城市再打下几行字。

崔岱远
2016 年仲夏

图书在版编目（CIP）数据

京味儿／崔岱远著. —增订本. —北京：
生活·读书·新知三联书店，2018.7 （2022.5 重印）
ISBN 978 - 7 - 108 - 05993 - 2

Ⅰ.①京… Ⅱ.①崔… Ⅲ.①饮食－文化－北京
Ⅳ.① TS971.202.1

中国版本图书馆 CIP 数据核字（2017）第 130565 号

责任编辑　张　荷
装帧设计　薛　宇
责任校对　常高峰
责任印制　董　欢
出版发行　**生活·讀書·新知** 三联书店
　　　　　（北京市东城区美术馆东街 22 号 100010）
网　　址　www.sdxjpc.com
经　　销　新华书店
印　　刷　北京隆昌伟业印刷有限公司
版　　次　2018 年 7 月北京第 1 版
　　　　　2022 年 5 月北京第 3 次印刷
开　　本　787 毫米 × 1092 毫米　1/32　印张 8
字　　数　125 千字
印　　数　11,001 - 14,000 册
定　　价　37.00 元

（印装查询：01064002715；邮购查询：01084010542）